あなたのワークシートが
インターネットにつながる

Excel &
Windows10
対応

サンプルプログラム
ダウンロード可能

Excel VBAで
クローリング&
スクレイピング

五十嵐貴之●著

ソシム

本書で使用しているサンプルプログラムは、ソシムのサイトにある書籍のページからダウンロードできます。

URL：www.socym.co.jp/book/1159

ファイルの使用方法については 004 ページの「本書の使い方」をご参照ください。

本書中に記載されている情報は、2018 年 10 月時点のものであり、ご利用時には変更されている場合もあります。
本書に記載されている内容の運用によって、いかなる損害が生じても、ソシム株式会社、および著者は責任を負いかねますので、あらかじめご了承ください。

- Apple、Apple のロゴ、Mac OS は、米国および他の国々で登録された Apple Inc. の商標です。
- iPhone、iPad、iTunes および Multi-Touch は Apple Inc. の商標です。
- 「Google」「Google ロゴ」、「Google マップ」、「Google Play」「Google Play ロゴ」「Android」「Android ロゴ」は、Google Inc. の商標または登録商標です。
- 「Microsoft」、「Microsoft Office」「Microsoft Windows」、「Microsoft Office Outlook」、「Microsoft® Office Excel」、「Microsoft Office Word」は Microsoft Inc. の商標または登録商標です。

※その他各社名、各製品名は、一般に各社の商標または登録商標です。

本書に記載されているこのほかの社名、商品名、製品名、ブランド名などは、各社の商標、または登録商標です。
本文中に™、©、® は明記しておりません。

はじめに

　想像してみてください。
　世界中に蜘蛛の糸のように張り巡らされた光回線を、自らの手によって開発した「スパイダー・プログラム」(クローラー)が縦横無尽に駆け巡るさまを。それは、命令1つでテキストデータや画像データなどのさまざまなデジタルデータを迅速にかき集め、あなたのもとに届けます。
　本書は、Excel VBAを使ってネット上からデータを取得し、分析・活用するためのサンプルを紹介する書籍です。
　具体的なサンプルについて、まずは本書の目次をご確認ください。
　さて、ネット上からさまざまなデータを取得するための技術、クローリングとスクレイピングに関する書籍は、すでに優れた既刊書がいくつも出版されています。本書をそれらの既刊書と差別化するにあたり、本書ではJavaScriptやPHPといったWebアプリケーションの開発によく用いられるプログラミング言語を用いず、非プログラマーにも愛用され続けているExcel VBAを用いることにしました。Excel VBAならば、クローリングとスクレイピングを実装するプログラミング言語の敷居が低いと考えたからです。
　特に、非プログラマーにとって、すでに構築されている環境でプログラミングができるかどうかは、非常に大きな問題ではないかと思います。Excel VBAであれば、HTMLタグやXMLタグの解析はもちろん、CSVファイルやJSONファイル、PDFファイルの読み込みも可能です。CSVファイルやHTMLタグの解析であれば、Excel VBAでも可能です。
　本書は、Excel VBAでのプログラミング経験がある読者を対象としています。そのため、VBAの言語解説はほとんどありません。もし、まだVBAプログラミングに自信がない読者は、別途VBAの入門書を購読することをお勧めします。また、HTMLタグに関する解説も行いません。HTMLタグに自信がなければ、HTML入門書を用意するか、ネット上で検索しながら本書を読み進めてください。実際、HTMLやVBAのみならず、非常に多くの知識は、ブラウザーを経由してネット上から容易に入手することができます。
　そのような情報過多な現代社会において、本書に興味を持たれた読者に深く感謝いたします。

五十嵐　貴之

本書の使い方

●プログラムのダウンロード

　本書で使用しているサンプルプログラムは、ソシムのサイトにある書籍のページからダウンロードできます。

　　URL：www.socym.co.jp/book/1159

　あるいは、トップページの検索欄に書籍の番号「1159」を入れても、このページを検索できます。

　ダウンロードしたファイルはZIP形式ですので、適宜解凍を行ってください。

●解凍されたサンプルファイルの使い方

❶解凍されたフォルダには以下のようなファイルがあります。

ルートフォルダ	サブフォルダ	ファイル名	説明
Download	2	2.xlsm	2章で使うエクセルマクロファイル
	3	3.xlsm	3章で使うエクセルマクロファイル
	4	4.xlsm	4章で使うエクセルマクロファイル
		csv_sample1.csv	CSVファイルのサンプル（カンマを含まないデータ）
		csv_sample2.csv	CSVファイルのサンプル（カンマを含むデータ）
		docx_sample.docx	Word文書ファイルのサンプル
		json_sample.json	JSONファイルのサンプル
		pdf_sample.pdf	PDFファイルのサンプル
		Surrogate pairs.vbs	サロゲートペア文字の検証用VBScript
		UTF8.txt	UTF8形式で保存されたテキストファイル
		vbCr.txt	CRで改行されているテキストファイル
		vbCrLf.txt	CRLFで改行されているテキストファイル
		vbLf.txt	LFで改行されているテキストファイル
		xml_sample.xml	XMLファイルのサンプル
	5	5.xlsm	5章で使うエクセルマクロファイル
		hello_world.xlsm	AUTO_OPEN関数の検証用エクセルマクロファイル
		macro_run.vbs	エクセルマクロを実行するVBScript
		show_progress.vbs	10秒で消えるプログレスバーを表示するVBScript
	6	6.xlsm	6章で使うエクセルマクロファイル
		マルコフ連鎖サンプル.txt	マルコフ連鎖の検証で使用するテキストファイル
		メール1.html	ベイズ推定の検証で使用するHTMLファイル
		メール2.html	ベイズ推定の検証で使用するHTMLファイル
		メール3.html	ベイズ推定の検証で使用するHTMLファイル
		メール4.html	ベイズ推定の検証で使用するHTMLファイル
		形態素解析サンプル.txt	形態素解析の検証で使用するテキストファイル
	7	7.xlsm	7章で使うエクセルマクロファイル

❷章ごとに分けたフォルダが存在します。そのなかには、[章番号].xlsmというファイル名のエクセルマクロファイルが存在します。

❸たとえば、2章のエクセルマクロファイル「2.xlsm」を開くと、そのなかには「表紙」シートが存在します。「表紙」シートには、そのエクセルマクロファイルに記述されているExcel VBAの種類が記述されています。
❹章ごとに使用するExcelVBAは、すべてそのエクセルマクロファイルに記述されています。
❺フォルダのなかには、エクセルマクロファイル以外にもさまざまな種類のファイルが存在する場合があります。
❻本書で特に指示がなければ、そのフォルダ構成のままでエクセルマクロファイルを実行してください。

●マクロの表示と実行

①Excel VBAのプログラム(マクロ)を実行したり、ソースコードを表示するには、「表示」メニューより、「マクロ」-「マクロの表示」を選択します。

②これを選択すると、次のようなダイアログが表示されます。

③実行したいマクロ名を選択して「実行」ボタンを押すことで、マクロを実行することができます。
ソースコードを表示するには、当該ダイアログにて「編集」ボタンをクリックします。

④VBE(Visual Basic Editor)が開きます。
VBEからも、メニューバーの「実行」から「Sub/ユーザー フォームの実行」を選択することで、マクロを実行することができます。
また、VBEの表示は、シート名を右クリックして表示されたプルダウンメニューより、「コードの表示」を選択することで上記の画面を表示することが可能です。

本書の使い方

005

Contents

第1章　クローリングとスクレイピングに必要な基礎知識

1-1　本書を読み進める上での事前知識
　　　VBAの経験 …………………………………………………… 012
　　　基本的なHTMLのタグの理解 ………………………………… 013
1-2　そもそもクローリング／スクレイピングとは何か
　　　インターネットを通じて繋がる世界 ………………………… 014
　　　クローリングとスクレイピングについて …………………… 015
1-3　クローリングを行う際の注意事項
　　　データの無断利用等による著作権法違反 …………………… 017
　　　リソース圧迫による業務妨害 ………………………………… 019
1-4　行儀よくクローリングを行うには
　　　利用規約に従う ………………………………………………… 021
　　　robots.txtに従う ……………………………………………… 022
　　　robots metaタグに従う ……………………………………… 026

第2章　Excel VBAでInternet Explorerを制御する

2-1　COMの参照設定
　　　Internet ExplorerのCOMを参照設定するには …………… 030
2-2　URLのしくみ
　　　URLはインターネット上のファイルの位置 ………………… 033
　　　絶対パスと相対パス …………………………………………… 037
2-3　Webページを開く
　　　指定したWebページを開く …………………………………… 039
　　　サンプルプログラムとその解説 ……………………………… 040
2-4　Webページからテキストを取得

　　　　Webページの文字列を収集する ･････････････････････････････････ 044
　　　　サンプルプログラムとその解説 ･････････････････････････････････ 045
　2-5　WebページからHTMLを取得
　　　　Webページを操作するもっとも基本的なこと ･･････････････････ 051
　　　　サンプルプログラムとその解説 ･････････････････････････････････ 052
　2-6　COMの参照設定なしでInternet Explorerを制御
　　　　COM参照を動的に行う ･･ 055
　　　　サンプルプログラムとその解説 ･････････････････････････････････ 056
　2-7　起動中のInternet Explorerを制御する
　　　　すでに開いているWebページをExcel VBAでキャッチする ････････ 059
　　　　サンプルプログラムとその解説 ･････････････････････････････････ 059
　2-8　Webページを閉じるまで処理を待機する
　　　　ブラウザーが終了するまで監視する ･･･････････････････････････ 065
　　　　サンプルプログラムとその解説 ･････････････････････････････････ 066
　2-9　ファイルをダウンロードする
　　　　写真や動画を収集するために ･･･････････････････････････････････ 069
　　　　サンプルプログラムとその解説 ･････････････････････････････････ 070

第3章　Excel VBAでHTMLタグを制御する

　3-1　Excel VBAでHTMLを制御するには
　　　　HTMLとは ･･･ 076
　　　　HTMLタグを解析するための技術 ･･･････････････････････････････ 077
　　　　サンプルプログラムの検証で使用するWebページについて ･････････ 077
　3-2　テキストボックス操作
　　　　テキストボックスの用途 ･･･ 080
　　　　サンプルプログラムとその解説 ･････････････････････････････････ 081
　3-3　パスワード入力欄操作
　　　　パスワード入力欄について ･･････････････････････････････････････ 088
　　　　サンプルプログラムとその解説 ･････････････････････････････････ 089
　3-4　チェックボックス操作
　　　　チェックボックスの用途 ･･･ 092

　　　　　サンプルプログラムとその解説 ……………………………………………… 093

3-5　ラジオボタン操作
　　　　　ラジオボタンの用途 ……………………………………………………………… 098
　　　　　サンプルプログラムとその解説 ……………………………………………… 099

3-6　セレクトボックス操作
　　　　　セレクトボックスの用途 ………………………………………………………… 105
　　　　　サンプルプログラムとその解説 ……………………………………………… 106

3-7　テキストエリア操作
　　　　　テキストエリアの用途 …………………………………………………………… 110
　　　　　サンプルプログラムとその解説 ……………………………………………… 111

3-8　ハイパーリンク操作
　　　　　ハイパーリンクの概要 …………………………………………………………… 115
　　　　　サンプルプログラムとその解説 ……………………………………………… 116

3-9　ボタン操作
　　　　　ボタン・コントロールについて ………………………………………………… 122
　　　　　サンプルプログラムとその解説 ……………………………………………… 123

3-10　Submitボタン操作
　　　　　Submitボタンについて …………………………………………………………… 127
　　　　　サンプルプログラムとその解説 ……………………………………………… 128

3-11　テーブル操作
　　　　　テーブルタグについて …………………………………………………………… 133
　　　　　サンプルプログラムとその解説 ……………………………………………… 134

第4章　さまざまなファイルを解析する

4-1　Webページのファイル形式（HTML／XML／CSV／JSON／PDF／DOCX）
　　　　　HTML ………………………………………………………………………………… 144
　　　　　XML …………………………………………………………………………………… 145
　　　　　CSV …………………………………………………………………………………… 146
　　　　　JSON ………………………………………………………………………………… 147
　　　　　PDF …………………………………………………………………………………… 148
　　　　　DOCX ………………………………………………………………………………… 149

4-2	XMLファイルを解析する		
	サンプルプログラムとその解説	·········	150
4-3	CSVファイルを解析する		
	サンプルプログラムとその解説	·········	160
4-4	JSONファイルを解析する		
	サンプルプログラムとその解説	·········	172
4-5	PDFファイルを解析する		
	サンプルプログラムとその解説	·········	180
4-6	WORDファイルを解析する		
	サンプルプログラムとその解説	·········	188
4-7	改行文字の違い		
	改行コードの種類	·········	193
4-8	Unicodeのテキストファイルを読み込むには		
	文字コードとエンコーディング	·········	200
	サロゲートペア文字について	·········	205

第5章　クローリング／スクレイピングの運用について

5-1	指定したURLが存在するかをチェックする		
	404「not found」エラーをクローリングしないようにする	·········	212
	サンプルプログラムとその解説	·········	213
5-2	同じURLを何度もクローリングしないようにするために		
	クローリングで永久ループ？	·········	217
5-3	クローリングを同時進行するには		
	マルチスレッドとは	·········	226
	Excel VBAで並行処理を実装するには	·········	228
5-4	データベースを利用する		
	SQL Serverに接続	·········	235
	Microsoft Accessに接続	·········	247
	ODBC経由でデータベースに接続する	·········	251
5-5	定期的にクローリング／スクレイピングするには		
	タスクスケジューラ	·········	267

5-6　クローラーが強制終了した場合の対処
　　　考えられるエラーの原因 ……………………………………………… 278
　　　エラーが発生した場合の対処 ………………………………………… 281

6章　プログラムが文章を理解するために

6-1　形態素解析を利用して文章を品詞に分割する
　　　形態素解析とは ………………………………………………………… 300
　　　MeCabを用いた形態素解析 …………………………………………… 301
　　　Yahoo! APIを用いた形態素解析 ……………………………………… 316
　　　Microsoft Wordで代替する場合 ……………………………………… 330
6-2　マルコフ連鎖を利用して文章を要約する
　　　マルコフ連鎖とは ……………………………………………………… 337
　　　サンプルプログラムとその解説 ……………………………………… 338
6-3　ベイズ推定を利用して文章を分類する
　　　ベイズ推定とは ………………………………………………………… 351
　　　サンプルプログラムとその解説 ……………………………………… 352

7章　robots.txtを考慮したクローリングサンプル

7-1　Webサイトを根こそぎ取得する
　　　サンプルプログラムについて ………………………………………… 362
7-2　共通モジュールの作成
　　　共通モジュールのメンバ紹介 ………………………………………… 365
7-3　専用モジュールの作成
　　　サンプルコードの紹介 ………………………………………………… 374
7-4　サンプルプログラムをさらに拡張させるには
　　　拡張すべき機能とソースコードの箇所 ……………………………… 404

Appendix

最強のクローリングツールの紹介 …………………………………………… 408

第 1 章

クローリングとスクレイピングに必要な基礎知識

本書最初の章となる本章では、本書の目的であるExcel VBAでクローリングとスクレイピングを実装するために必要となる基礎知識について学びます。
まずは、クローリングとスクレイピングという単語のそもそもの意味を解説します。
また、クローリングとスクレイピングを行うにあたり、注意すべき点を説明します。対象となるWebサーバーに負荷をかけず、また著作権法違反にならないようにするために遵守すべきことを本章で扱います。

1-1

本書を読み進める上での事前知識

本節では、本書を読み進める上で必要となる技術知識について、説明します。特に必要となるのが、Excel VBAに関する知識です。本書は、すでにExcel VBAでのプログラミング経験がある方を読者対象としています。

VBAの経験

　本書は、すでにExcel VBAによるプログラミングの開発経験がある方、もしくは、ほかのプログラミング言語でのプログラミング経験がある方を対象としています。そのため、「変数」「データ型」「関数」等、もっとも基本的な用語解説は一切行っておりません。ですから、「関数を作ったことがない」「暗黙の型変換の意味が分からない」程度のレベルですと、本書を読み進めるのは少々厳しいかもしれません。そのような場合は、別途Excel VBAの入門書を片手に本書を読み進めることをお勧めします。もしくは、インターネットで検索しながら読み進めるとよいでしょう。実際、インターネットからはさまざまな情報が取得できます。そうしたネット上のデータを自動的にかき集めるのが、本書の目的です。

　さて、Excel VBAでクローリングとスクレイピングを行うにあたり、本書ではInternet ExplorerをCOM（Component Object Model）により制御することで当該処理を実装します。Excel VBAからCOM参照を行う手順については後で詳述します。

　また、インターネット上からはさまざまなフォーマット形式のファイルをダウンロードすることができます。その中で、クローリングの対象となる一般的なファイル形式は、HTML／CSV／PDF／XMLなどでしょう。本書では、それらのファイル形式をExcel VBAで扱う方法についても、詳述します。

基本的なHTMLのタグの理解

　クローリングによってWebページから取得したWebページは、HTMLタグを解析することで目的とする処理を行います。たとえば、リンクタグを解析することで次の検索対象とするWebページを取得したり、ログイン認証が必要なWebページにIDやパスワードを自動入力し、「ログイン」ボタンをクリックするところまで、プログラムがタグを解析してWebページを制御します。

　そのため、クローリングやスクレイピングにはHTMLタグに関する知識が必要となるのですが、本書ではHTMLタグに関する説明はほとんど行っていません。HTMLタグ自体は難しいものではないので、HTMLの専門書籍をお買い求めいただくほどのことはないと思いますが、一般的に使用頻度の高いHTMLタグについての知識があった方が本書を読みやすいかと思います。

　例題として、次のHTMLタグからどのようなWebページが表示されるか想像できる程度の知識はあった方が望ましいです。

```html
<html>
<head>
<title>サンプル</title>
</head>
<body>
<h1>サンプル</h1>
<p>これは、<a href="https://www.sample.co.jp/">サンプル</a>です。
</p>
</body>
</html>
```

> **この節のまとめ**
> ・本書の読者対象は、Excel VBAによるプログラミング経験がある方
> ・基本的なHTMLタグに関する知識もあった方が無難
> ・Excel VBAでのクローリングには、Internet ExplorerのCOMを利用する

1-2

そもそもクローリング／スクレイピングとは何か

クローリング、スクレイピングとは何でしょうか。その違いは？
本節では、クローリングとスクレイピングという言葉の意味について説明します。

インターネットを通じて繋がる世界

　かつて人間は、皆一つの同じ言葉を使い、同じように話していた。彼らは東方に移動し、南メソポタミア地方のシンアルの地に平野を見つけて、そこに住みついた。彼らは石の代わりにレンガを、しっくいの代わりにアスファルトを用いることができるようになった。彼らは言った。

　「さあ、天まで届く塔のある町を建て、有名になろう。そして、全地に散らされることのないようにしよう」

　こうして人々は、天まで届く、高くて大きな塔の建設に着手した。だが、このような人間の企てを神が見過ごすはずがなかった。神は下ってきて、人間が建てた塔のあるこの町を見て言った。

　「彼らは一つの民で、皆一つの言葉を話しているからこのようなことをしはじめたのだ。これでは、彼らが何を企てても妨げられない。ただちに彼らの言葉を混乱させ、互いの言葉が聞き分けられぬようにしてしまおう。」

この神の決断によって、人々は同じ言葉で話せず、相互に意思疎通を図ることができなくなってしまった。言語による人々の統制も不可能になった。その結果、人類は全地に散っていかざるを得なくなった。こうして人々は、この町の建設をやめたという。
　塔の建設を企て、神の怒りを買ったこの町は、バベルと呼ばれた。神がそこで言葉を混乱（バラル）させ、またそこから人々を全地に散らしたからである。

....

図説　聖書の世界（Page. 36 - 38、月本昭男・山野貴彦・山吉智久著　学研）

　インターネットについて語る時、私はこの「バベルの塔」の話を思い出さずにはいられません。
　神の怒りによって全地に散った人類は、現在において全地に張り巡らされたインターネットを通じ、再び結束しました。そして、新たにサイバー社会のバベルの塔を築き始めました。
　人類は異なる言語を話すようになりましたが、人類が発明した優れたコンピューターによって、さまざまな言語を機械的に翻訳することが可能です。たとえ地理的に離れていても、人類はインターネットを通じて意思疎通を図ることができるようになりました。世界は、再びひとつとなったのです。
　前置きが長くなってしまいましたが、「クローリング」や「スクレイピング」は、サイバー社会のバベルの塔であるインターネットを通じて、世界中からさまざまなデータを収集するための技術です。聖書の時代であれば、神々から怒りを買っていた技術でしょう。世界中の英知を、あなたの手元に集中させるための技術なのです。
　では、クローリングとスクレイピングについて、それぞれを詳しく見てみましょう。

クローリングとスクレイピングについて

　「クローリング」とは、インターネット上を駆け回り、ネット上に公開されているデータを収集するプログラムの挙動をいいます。また、クローリングを行うプログラムのことを「クローラー」といいます。クローラーは、「スパイダー（蜘蛛）」とも呼ばれます。これに対し、「スクレイピング」とは、クローリングによって収集したWebデータを解析することをいいます。

- クローリング……ネット上からさまざまなデータを収集するプログラムの挙動
- スクレイピング……クローリングによって収集したデータを解析すること

　クローリングのもっとも具体的な例としては、Googleのような検索エンジンが挙げられます。検索エンジンといえば、最近では「ロボット型検索エンジン」と呼ばれるものが一般的です。ロボット型検索エンジンは、クローリングによって収集したWebデータを、検索エンジンのユーザーに検索結果として提供します。収集したWebデータは、超巨大なデータベースに格納されます。ロボット型検索エンジンは、ユーザーが入力した検索キーワードに合致するものをデータベースから探し出し、自社サイトに表示しているにすぎません。とはいえ、膨大なWebデータのなかからユーザーが欲している情報を見つけ出す技術こそ、検索エンジンの優劣を付ける指標となっており（Googleの「PageRank」が有名です）、クローリング技術はあまり日の目を見ることはありません。

　ちなみに、ロボット型検索エンジン以外の検索エンジンとしては、「ディレクトリ型検索エンジン」があります。ディレクトリ型検索エンジンは、人手によってWebページを登録するタイプの検索エンジンです。Yahoo! JAPANは以前、ディレクトリ型検索エンジンでした。Yahoo! JAPANのディレクトリ型検索エンジンには、自分のお気に入りのサイトを推薦して登録してもらうことができました。商用サイトの場合、検索エンジンに登録してもらうために登録料が必要だったようです。

　スクレイピングの例としては、たとえばYahoo!ファイナンスのWebページをクローリングし、それによって特定銘柄の株価データを抽出、解析するといったことが挙げられます。

> **この節のまとめ**
>
> - クローリングによって、インターネット上に公開されているさまざまなデータを自動で取得することができる
> - クローリングとは、ネット上に公開されているデータを収集するプログラムの挙動を表すことばである
> - スクレイピングとは、クローリングによって収集したデータを解析すること

1-3
クローリングを行う際の注意事項

クローリングを行う際に、必ず順守しなければならないことがあります。クローリング行為によってクローラーの開発者が逮捕された事例があります。自分が開発したクローラーによって逮捕されないためにも、クローラーの開発を始める時には必ず本節をお読みください。

データの無断利用等による著作権法違反

　クローリング行為によってインターネット上から収集したデータにも、著作権があります。
　たとえそれが道端に転がっている石ころのように誰もがかんたんに手に入れることができるものであっても、それらに著作権を主張するものがいるのです。
　クローラーで収集した写真や動画を自分のホームページやブログで勝手に公開することは、著作権法違反です。まずは、データの提供元のWebサイトに著作権や利用規約が明記されていないかを確認しましょう。
　また、2012年10月1日の著作権法改正により、たとえ私的な使用目的であったとしても、著作権者の許可なく違法にインターネット上にアップロードされている有料著作物等を、違法であることを知りつつダウンロードした場合、2年以下の懲役、もしくは200万円以下の罰金が科せられるようになりました。
　しかし、実は「ダウンロード」の意味合いがあいまいであるため、解釈の次第によってどこまでが懲罰の対象となるのかがよくわかりません。

①「有料著作物等」には、有償の音楽CDやDVDビデオなどのデジタルデータが該当します。つまり、デジタルデータ化される予定のないテレビ番組などは、「有料著作物等」には該当しません。

②違法にアップロードされたものを閲覧するだけでは刑罰の対象とはなりません。つまり、Youtubeやニコニコ動画などの動画配信サイトに著作権者の許可なくアップロードされたデジタルデータを閲覧しただけでは違法にはなりません。しかし、それらをファイルとしてダウンロードした場合は違法になります。
③端末に一時的にダウンロードされたキャッシュファイルは、上記のダウンロードとはみなされません。
④メールに添付された違法複製ファイルをダウンロードした場合は、違法にはなりません。
⑤テキストファイルや画像ファイルの場合、「録音・録画」に当てはまらないので、違法にはなりません。
⑥違法にアップロードされたものだと知らずにダウンロードした場合は、違法にはなりません。

　なんとなく理解はできるのですが、具体的に何をすれば法に触れるのか今一つあいまいです。
　たとえば、パソコンに取り込まなくてもDropboxやOneDrive（旧SkyDrive）のようなクラウドサービスにコンテンツを保存するのは違法なのか合法なのか。
　クラウドサービスにファイルを保存することはダウンロードとはいいませんが、この法律が制定された目的を考えると、違法になってしまうかもしれません。もし、違法ダウンロードを罪に問われたとしても、「知らなかった」でしらを切りとおせるかもしれません。
　また、「録音・録画」されるコンテンツのみが対象となるので、画像ファイルとして端末に取り込まれたマンガは違法にならないようです。海外サイトには、多くのマンガが無料でダウンロードできる状態になっているにも関わらず、です。
　さらに1つ疑問なのが、どうやってそれらの違法ダウンロードを検知するのでしょうか。違法ダウンロードが可能なサイト（違法サイト）へのアクセス履歴を調べ、有償コンテンツをダウンロードした閲覧者を摘発するのでしょうか。
　違法サイトの多くが海外にあることを考えると、サイトを閉鎖させたり有償コンテンツを削除させたりするのが難しいのかもしれませんが、本来なら、違法サイトの存在自体が問題のはずです。また、「いつ、どこで、誰が、どんなサイトをみていたか」というアクセス解析データを、犯罪防止の目的で収集されてしまうというのは、あまり気持ちのいいものではありません。

著作憲法違反について
・違法にアップロードされている音楽や動画を、違法であることを知りつつダウンロードした場合は違法
・違法にアップロードされている音楽や動画を閲覧しただけでは違反にはならない
・2年以下の懲役、もしくは200万円以下の罰金
・著作権者からの告訴がなければ罪に問われることはない（親告罪）

リソース圧迫による業務妨害

クローラーを書く上で、念頭に置いてもらいたい事件があります。

クローラーは、人間の手と比較すると、尋常ではない速さでWebサイトからデータを抜き取ることが可能です。そのため、対象となるWebサーバーに負担をかけてしまう可能性が大いにあります。実際、クローラーの開発者が業務妨害の疑いを掛けられて逮捕された事例がありました。岡崎市立中央図書館事件です。

2010年3月、岡崎市立図書館の蔵書検索システムに対してクローリング行為をした利用者が、同年5月25日に偽計業務妨害容疑で逮捕され、20日間もの間勾留されました。

そのクローラーは、1秒間に1回程度のリクエストを送信するものでした。1秒間に1回程度のリクエストは、クローラーとしては常識的なものであり、Webサーバーに多大な負荷を与えるほどのものではありません。実際、同システムがダウンした要因は、クローラーによるものではなかったとされています。にもかかわらず、クローラーの開発者が逮捕された事例は、他のクローラー開発者に大きな衝撃を与えました。

実際の事件は、のちの判決により、業務を妨害する意図はなかったとして起訴猶予処分となりました。

さて、クローリングで罪を問われないようにするためには、次の点を気に留めておく必要があります。

・対象となるサイトの利用規約を守ること
・robots.txtに従うこと
・リクエストの送信は、複数同時に行わない
・リクエストの間隔を、最低でも1秒以上空ける

利用規約に従わないと、著作権法違反などにより、民事・刑事責任を問われる可能性があります。

　robots.txtとは、クローラーによるアクセスを拒否するページやディレクトリを記述したテキストファイルのことです。robots.txt自体には法的拘束力はありませんが、robots.txtが設置されているサイトの場合は、遵守した方が無難でしょう。サーバーに負荷を与えたことによる業務妨害等により、訴えられるかもしれないからです。

　後の2つについては、サイト独自の規約があれば、もちろんそれに従います。規約がなかったとしても、対象サイトのWebサーバーに負荷をかけないよう、マナーとして守るべきものです。一般のクローラー開発者には、暗黙の約束事となっています。

　とりあえず、本書の読者がクローリングによって逮捕されないよう、上記のようなグレーゾーンな行為は避けた方が無難です。少なくとも事情聴取を受けたとき、「本書を参考にしました」などと言わないようにお願いします（笑）。

この節のまとめ

- インターネット上でタダで入手できるものにも著作権が存在する
- クローリングによって、データを提供するWebサイトのサーバーに負荷をかけないようにする
- サイトの利用規約やrobots.txtに従う

1-4
行儀よくクローリングを行うには

本節では、行儀のよいクローリングについて説明します。「行儀のよい」とは、データの提供者であるWebサイトの運営者に対し、迷惑をかけることのないクローリング行為を心掛けるということです。前節の注意事項とともにお読みください。

利用規約に従う

　前節にて説明したとおり、robots.txtには法的な拘束力がなく、これを守らなくても罰せられることはありません。しかし、Webサイトの利用規約については、守らなければ罰せられる可能性が大いにあります。たとえば、Webサイトから入手した画像を勝手に転売した場合、著作権法違反で罰せられる可能性があります。

　利用規約は、Webサイトによってさまざまです。素材の利用を商用利用に関してのみ有償とする場合や、素材の提供元であるWebサイトへのリンクを義務付ける旨の規約などがあります。

　インターネット上でかんたんに入手できるとはいえ、それらの素材には著作権が存在することを忘れないようにしてください。クローリングによってそれらの素材を収集する場合、必ず収集元のWebサイトの利用規約に従ってください。

　素材提供者は、自分が作成した作品が広く使われることを期待します。しかしながら、利用規約が軽視されることを快くは思いません。私も自ら開発したフリーウェアや素材を提供する立場でもあるのですが、以前、私が開発したソフトウェアが、ほかのソフトウェアとCD-ROMに同梱され、ヤフオクで売られていたのを見たことがあります。もちろん、私は許可した覚えはありません。そのまま傍観しましたが、あまり気持ちのよいものではありませんでした。

　本書の読者は、ぜひとも素材提供者への感謝の気持ちを忘れないようにしてくださ

い。

robots.txtに従う

　さて、Webサイトの中には「robots.txt」というテキストファイルがディレクトリに配置されているものがあります。この「robots.txt」は、クローラーに遵守して欲しい約束事が明記されています。「robots.txt」は人が読むためのものではなく、クローラーが読むものであり、プログラムが理解しやすい形式で記述されます。通常は、URLドメインのトップディレクトリに配置されています。

　　　　例)「example.co.jp」ドメインのトップディレクトリに配置されている
　　　　　「robots.txt」のURL
　　　　http://www.example.co.jp/robots.txt

　それでは、「robots.txt」の例を見てみましょう。本書の出版元であるソシム社のrobots.txtです。

　　　　ソシム社の robots.txt
　　　　http://www.socym.co.jp/robots.txt

```
User-agent: *
Disallow: /wp-admin/
Disallow: /wp-includes/

Sitemap: http://www.socym.co.jp/sitemap.xml.gz
```

　まずは、1行目から意味を見てみましょう。

　　　　User-agent: *

「User-agent」の記述は、以降の行に適用されるクローラーを指定します。アスタ

リスク「*」は、すべてのクローラーに適用することを意味します。ユーザーを個別に指定したい場合、該当するクローラー名を指定します。たとえば、Googlebotのみに適用したい制限を記述する場合、User-agentの記述は次のようになります。

  User-agent: Googlebot

　「Disallow」の記述は、クローリングを許可しないディレクトリもしくはファイルを指定します。すべての記述方式において、コロン「:」の左側が項目、右側がその内容です。ソシム社のrobots.txtの場合、「wp-admin」と「wp-includes」というディレクトリに対してクローリングすることを禁じています。
　また、ソシム社のrobots.txtにはありませんが、「Allow」という記述によって、逆にクローリングを許可するディレクトリやファイルを指定することもできます。「Allow」の記述は、「Disallow」によって指定されたディレクトリ内にて、一部のディレクトリやファイルのみ、クローリングを許可する場合に使用されます。
　つまり、たとえばrobots.txtが次のように記述されている場合、

  Disallow: /wp-includes/
  Allow: /wp-includes/pdf/

　「wp-includes」ディレクトリのクローリングは許可していませんが、例外的にその階層下の「wp-includes/pdf」だけはクローリングを許可するという意味になります。
　むろん、通常は「Disallow」の記述がないディレクトリやファイルはクローリングの対象になります。クローリングを許可するディレクトリやファイルのすべてを明示的に指定するために「Allow」の記述を行うわけではありませんので、注意が必要です。
　「Disallow」の記述の際にわかりづらいのが、指定されたパスの末尾が「/」の場合、ディレクトリが指定されていることになります。末尾が「/」ではない場合は、指定されたパスで始まるディレクトリやファイルすべてが対象となります。つまり、次のような記述の場合、

  Disallow: /wp-includes/pdf

「wp-includes」ディレクトリの下の「pdf」ディレクトリだけでなく、"pdf"で始まるすべてのディレクトリやファイルも対象範囲です。
　もし、「wp-includes」ディレクトリの"pdf"というファイルのみをアクセスさせないようにする場合の記述方法は、次のようにします。

　　　　Disallow: /wp-includes/pdf$

ディレクトリパスの末尾に「$」を付けることで、そのディレクトリパスに指定された記述はファイル単体であることを表します。
　また、ワイルドカードとしてよく利用される「*」（アスタリスク）を使うこともできます。「pdf」から始まるディレクトリのみを指定したい場合は、次のようにします。

　　　　Disallow: /wp-includes/pdf*/

「Allow」や「Disallow」自体に優先順位はありませんが、深いディレクトリが指定された記述ほど優先順位が高くなります。つまり、

　　　　Allow: /wp-includes
　　　　Disallow: /wp-includes/pdf/

の場合、「wp-includes」ディレクトリへのクローリングは許可するものの、その下の「wp-includes/pdf」ディレクトリへのクローリングは許可されません。
　逆に、次のように記述されている場合、

　　　　Disallow: /wp-includes
　　　　Allow: /wp-includes/pdf/

「wp-includes」ディレクトリへのクローリングは許可しないものの、その下の「wp-includes/pdf」ディレクトリへのクローリングは許可しています。

　ソシム社のrobots.txtの最後の行に記述されている「Sitemap」の記述は、そのWebサイトのサイトマップのありかを指定するためのものです。

robots.txtにてクローラーのアクセス頻度を指定することも可能です。その場合、「Crawl-delay」の記述を指定します。たとえば、次のように記述した場合、

　　Crawl-delay: 5

5秒、5分、などを示します。しかし困ったことに単位の指定がありません。そのため、Microsoft社のBingbotなど、いくつかの検索エンジンではCrawl-delayの指定を無視することを明言しているそうです。

さて、robots.txtに記述可能な形式をまとめると、次のようになります。

記述	意味
User-agent	robots.txtによって制限する対象となるクローラーの名称を指定
Allow	アクセス制限を設けない（クローリングの対象としてもよい）ディレクトリやファイルパスを指定
Disallow	アクセス制限を設ける（クローリングの対象としていない）ディレクトリやファイルパスを指定
Crawl-delay	クローリングのアクセス頻度を指定（ただし、秒なのか分なのか、単位が統一されていない）
Sitemap	Webサイトのサイトマップを指定

他にもrobots.txtで指定可能な項目はありますが、一般的なものは上記のとおりです。

前述したように、robots.txtを遵守することは強制的ではなく、これを守らなくても法的に罰せられるわけではありません。

しかしながら、robots.txtは、Webサイトが過多な負荷を受けることなくサービスを継続的に提供するためにクローラー開発者に対して提示するお願いごとです。我々クローラー開発者は、Webサイトを利用させていただく立場として、お願いごとを無視して個人の利益だけをむさぼるような行為は慎みたいものです。

1-4　行儀よくクローリングを行うには

robots metaタグに従う

　robots.txtは、トップディレクトリに配置するため、個々のWebページにアクセス制限を設けるには適していません。個々のWebページにアクセス制限を指定する場合は、HTML内にrobots metaタグが埋め込まれている可能性があります。

　真にお行儀のよいクローラーを目指すなら、HTMLに記述されているrobots metaタグを読み込むようにクローラーを作成した方がよいでしょう。metaタグは、headerタグ内に記述します。以下は、robots metaタグの一例です。

```html
<html>
    <head>
        <meta name="robots" content="index, nofollow">
        ...
    </head>
    <body>
    ...
    </body>
</html>
```

　robots metaタグは、<meta name="...の部分が該当します。nameには、対象となるクローラーの名前を指定します。"robots"を指定した場合、すべてのクローラーが対象となります。クローラーごとにアクセス権限を設定したい場合は、name属性を変えた複数のrobots metaタグを指定します。

　その次のcontent属性には、制限する行動を指定します。content属性に指定可能な項目は、次のとおりです。

項目	内容
noindex	このページをインデックスすることを禁止する
nofollow	このページ内にあるリンク先を参照することを禁止する
none	noindexとnofollowを同時に指定した場合と同じ
index	このページをインデックスすることを許可する (noindexの指定がない場合と同じ)
follow	このページ内にあるリンク先を参照することを許可する (nofollowの指定がない場合と同じ)
all	indexとfollowを同時に指定した場合と同じ (noindex、nofollowの指定がない場合と同じ)
noarchive	このページのキャッシュデータを表示することを禁止する
noimageindex	このページにある画像に対してインデックスすることを禁止する
unavailable_after	指定した日時以降にこのページを検索結果に表示しない （日時はRFC850の日付形式で指定[※1]）

※1
RFC850の日付形式の例は、次のとおりです。
・Mon, 27-Nov-17 12:34:56 JST
・Mon, 27-Nov-2017 12:34:51 JST

　インデックスとは、そのWebページへの索引を付けることですので、検索エンジン対策のための項目の意味合いが強く、個人で使用するクローラーであれば意味を持たない項目です。

　他にも、noarchiveやnoimageindexなども検索エンジンのためであり、本書が紹介するクローラーの範囲では無視してもよい項目でしょう。

　nofollowは、robots metaタグだけでなく、aタグ（リンクタグ）に個別にも指定することが可能です。たとえば、次のように記述します。

```
<a href="http://www.example.co.jp" rel="nofollow">
```

　リンクタグに個別にnofollowタグを指定することで、同一ページ内において、特定のリンク先だけをクローリングさせないようにクローラーに対して指示することができます。

> **この節のまとめ**
> ・Webサイトの利用規約があれば、必ず従う
> ・robots.txtには、Webサイト全体を通して、アクセスを拒否するファイルやディレクトリを定義する
> ・robots metaタグには、Webページごとにアクセスを拒否するリンク先などを定義する

1章のおさらい

　本章では、本書を読み進める上で必要な知識について、説明しました。
　クローリング、スクレイピングといった基本的な用語の解説から、クローリングによってWebサーバーに高負荷を与えてしまうことによる業務妨害、または利用許諾に従わなかったことによる著作権法違反など、クローリングを行う前の注意点について説明しました。
　次章から、いよいよExcel VBAによるプログラミングに入りますが、まずは本章の内容を記憶に留めていただき、クローリングの危険性について認識してから、次章以降を読み進めてください。

第 2 章

Excel VBAで
Internet Explorerを制御する

本章から、いよいよExcel VBAのプログラミング開発を行います。
さて、本章ではExcel VBAでInternet Explorerを制御する方法について、詳しく説明します。
Excel VBAを利用してクローリングとスクレイピングを行う場合、Internet Explorerの制御は基礎中の基礎です。ぜひとも、本章でしっかりと学んでいただければと思います。

2-1
COMの参照設定

Excel VBAからInternet Explorerを制御するには、COMという技術仕様を利用します。Internet ExplorerのCOMをExcel VBAから参照するには、Excel VBAのプロジェクトにて「参照設定」することによってInternet ExplorerのCOMを登録しておく方法と、プログラムの内部でそのつどInternet ExplorerのCOMを参照する方法の2つがあります。本節では、前者の方法について説明します。

Internet ExplorerのCOMを参照設定するには

　Excel VBAからInternet Explorerを制御するには、Internet ExplorerのCOMを参照する必要があります。COMとは、Component Object Modelの略で、アプリケーションの機能を別のアプリケーションが利用するためにMicrosoftが考案した技術仕様です。たとえば、Internet ExplorerのCOMを経由してInternet Explorerが提供する機能の一部をExcel VBAから利用することができるようになります。
　では、実際にExcel VBAからInternet ExplorerのCOMを参照する方法を見てみましょう。まずはExcel VBAの開発環境「Visual Basic Editor」を起動します。

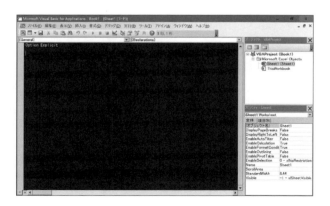

本書の冒頭でも述べた通り、本書ではVBAでのプログラミング経験がある読者を対象としています。上記の画面の開き方が判らない読者は、まずはExcel VBAの入門書を読破しましょう。
　さて、「Visual Basic Editor」を起動したら、メニューバーの「ツール(T)」から「参照設定(R)...」を選択します。

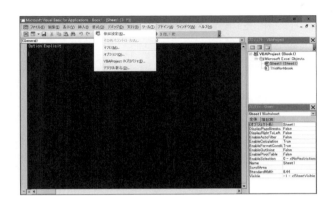

　すると、次のようなダイアログが表示されます。

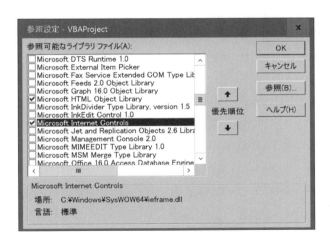

　Excel VBAからADOを利用してデータベースに接続した経験がある方にとっては、見慣れたダイアログかもしれません。結構な数のCOM（ライブラリ ファイル）がありますが、その中から以下の2つを見つけ出し、チェックを入れてください。

・Microsoft HTML Object Library
・Microsoft Internet Controls

　チェックを入れたら、ダイアログ右上の「OK」ボタンをクリックし、ダイアログを閉じてください。これで準備は完了です。
　さて、COMの参照設定がうまくいっているか、少しテストをしてみましょう。当該COMを参照設定することによってIntenet Explorer等のオブジェクトに関するインテリセンス（IntelliSense）の候補が追加されています。たとえば、ソースコード内に変数を定義する際、「InternetExplorer」等のオブジェクトが候補の一覧に表示されていれば、成功です。

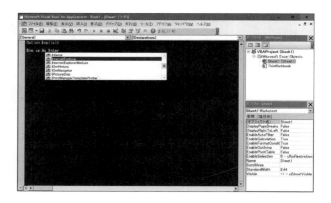

　これでExcel VBAからInternet Explorerを制御する準備は整いました。

> **この節のまとめ**
> ・Excel VBAからInternet Explorerを制御するには、COMという技術仕様を利用する
> ・Excel VBAのプロジェクトにて、Internet Explorerを「参照設定」することでCOMを利用できる
> ・「参照設定」が必要なCOMは、「Microsoft HTML Object Library」と「Microsoft Internet Controls」の2つ

2-2
URLのしくみ

Excel VBAからのInternet Explorerの制御について説明する前に、まずはURLのしくみについて説明します。URLによって、インターネット上に存在するファイルやディレクトリの所在を明らかにします。クローリングは、そのURLを指定することで、目的となるデータを探し出します。

URLはインターネット上のファイルの位置

　URLは、Uniform Resource Locatorの略で、インターネット上におけるファイル（「リソース」や「資源」などとも呼ばれます）の位置を指し示すための文字列のことを言います。そのファイルにアクセスすることで、利用者はさまざまなWebサービスを受けることができます。

　さて、ブラウザーでWebページを参照する場合、参照先のURLのパスが上部に表示されています。私が管理する任意団体のWebサイトを例にとってみましょう。

　　　ikachi.org - ソフトウェアダウンロード
　　　http://www.ikachi.org/software/index.html#software

　このURLは、当団体が開発したアプリを紹介するページです。このURLは、次のようなしくみになっています。

http	://	www.ikachi.org	/	software	/	index.html	#software
①		②		③		④	⑤

①	プロトコル
②	ドメイン
③	フォルダ
④	ファイル名
⑤	ラベル

　①のプロトコルとは、Webページを表示するための「約束事」や「決め事」のことです。このプロトコルによって統一された仕様があるため、世界中から配信されたWebページを、Internet ExplorerやMicrosoft Edge、GoogleのChoromeブラウザーなどによって閲覧できるのです。
　一般的に、Webページを参照するためのプロトコルには、"http"と"https"の2つがあります。"http"は、Hyper Text Transfer Protocolの略で、HTMLファイルなどのコンテンツを通信するためのプロトコル（約束事）です。これに対し、"https"は、Hyper Text Transfer Protocol Secureの略で、httpの後ろに「Secure」（安全な）の英単語が付いたことが示すように、よりセキュア（安全）に通信が行われるように

設計されたプロトコルです。つまり、httpsによって送受信されたデータは、SSL（Secure Sockets Layer）というプロトコルによって暗号化されることにより、第三者によって不正に傍受されてもそのデータの内容が解読できないようになっています。たとえば、ユーザー登録のWebページにあなたの名前や住所などの個人情報を入力し、「送信」ボタンをクリックしたとします。

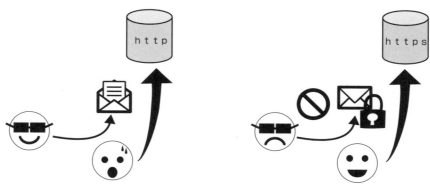

httpプロトコルの場合、通信の内容が第三者に閲覧されてしまう可能性があります。

httpsプロトコルの場合、通信の内容が暗号化されているため、第三者は通信の内容を見ることはできません。

　上の図のように、httpプロトコルの場合、悪意を持った第三者に通信の内容を閲覧されてしまう危険性があります。ところがhttpsプロトコルの場合、通信の内容が暗号化されていますので、悪意を持った第三者が通信の内容を閲覧しようとしても、解読不能なデータしか得られません。

　ただ、どちらのプロトコルにせよ、クローリングには影響ありません。私たちは、悪意を持った第三者ではありません。暗号化されているものは、クローリングの対象ではないからです。

　次に、②のドメインについて。ドメインは、インターネット上の住所を指し示す文字列と言えます。たとえば、当団体のURLであれば、"www.ikachi.org"がドメインです。Yahoo! JAPANのポータルサイトであれば"www.yahoo.co.jp"、Googleの日本語サイトであれば、"www.google.co.jp"です。ドメインの先頭についている"www"は、「World Wide Web」の略語で、世界中に張り巡らされたインターネット網であることを示します。また、".com"や".co.jp"、".org"のような付記文字は、組織の体系を表しています。たとえば、".com"は「Company」の略で、会社組織であることを示

します。"co.jp"は、「Company Japan」の略で、日本の会社組織であることを示します。".org"は「Organization」の略で、非営利の組織や団体を表します。これらの付記文字列は「TLD」(Top Level Domain) と言い、日本のTLDは「一般社団法人　日本ネットワークインフォメーションセンター」(JPNIC) によって定められています。

　　　　一般社団法人　日本ネットワークインフォメーションセンター
　　　　https://www.nic.ad.jp/ja/

　③と④について。ドメインの後に続く文字列は、Webページが存在するインターネット上のフォルダーを示します。つまり、当団体の例でいえば、「software」というフォルダーのなかに「index.html」というファイルがあることを示しています。ちなみに、URLにファイル名を指定しなかった場合はどうなるのでしょうか。つまり、"http://www.ikachi.org/"や"https://www.yahoo.co.jp/"のように指定した場合です。この場合、"index.html"や"index.php"など、"index.*"というファイルを探しだし、見つかった場合にそのファイルを表示するようになっています。もし"index.*"が存在しない場合、Webサーバーの設定によっては指定したフォルダーの中身がすべて閲覧できてしまう場合があります。しかし、それは得てして、サイトオーナーにとっては不本意な挙動である可能性があります。絶好のクローリングチャンスかもしれませんが、見つけてもそっとしておきましょう。

　最後に、⑤はラベルと呼ばれるものです。Webページ上の特定の位置にジャンプするための表記です。当団体URLの例でいえば、"#software"と表記されており、HTMLタグ上にて"software"という名前が付けられたラベルまでWebページをジャンプできます。

> **URLとURIは違う**
>
> 　URLと似た単語で、「URI」というものがあります。
>
> 　URIは、Uniform Resource Identiferの略で、おおむねURLと同じような意味で使用されますが、実際はURIはURLの記述方法を定めた約束事のことです。つまり、URLはURIの定義によって生成されたものと言えます。

絶対パスと相対パス

　URLのしくみがわかったところで、続いて「絶対パス」と「相対パス」について説明します。「絶対パス」と「相対パス」は、ともにURLを指し示すパスの種別の違いです。パスとは、ファイルが存在する場所を示す経路を文字列で表したもので、インターネット上に限らず、コンピューター内に存在するファイルのありかもパスを使って表現します。たとえば、Windows端末に標準装備されている「メモ帳」アプリの実体ファイルが存在するパスは、"C:\Windows\notepad.exe"です。URLも、インターネット上に存在するファイルの位置を表現する文字列であり、パスです。

　「絶対パス」の場合、ファイルのありかまでの経路を示す文字列を、すべて表現することをいいます。これに対し、「相対パス」の場合、現在の位置から相対的に見たファイルのありかまでの経路を示す文字列です。

　少々わかりづらいかと思いますので、例を挙げてみます。たとえば、次のようなURLがあります。

　　　「フリープログラミング団体　いかちソフトウェア」「かんたん画像サイズ変更」－「ダウンロード」
　　　http://www.ikachi.org/software/graphicresize.html

　これは、"graphicresize.html"というHTMLファイルが存在するまでの経路を表現しています。このURLの表現方法は、「絶対パス」です。このURLから、次のトップページのURLを相対的にみた場合はどうなるでしょうか？

　　　「フリープログラミング団体　いかちソフトウェア」　トップページ
　　　http://www.ikachi.org/index.html

　これを上記URLからみた場合の相対パスに置き換えると、次のようになります。

　　　　　../index.html

　".."が、1つ上のディレクトリを示す識別子です。つまり、「software」ディレクト

リの1つ上にさかのぼり、そのディレクトリに存在する"index.html"を表現しています。

　HTMLをクローリングする際、リンク先が絶対パスで記述されている場合と相対パスで記述されている場合を考慮する必要があります。

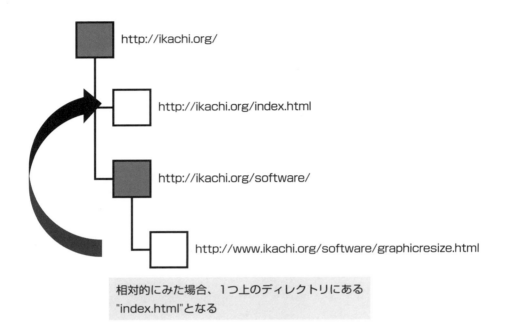

この節のまとめ

・URLは、インターネット上におけるファイルの位置を示す文字列
・絶対パスは、URLをすべて正確に記したもの
・相対パスは、現在参照しているパスからの相対位置で表現したもの

2-3
Webページを開く

Excel VBAからInternet Explorerを制御する第一歩として、まずはInternet Explorerで指定したURLを起動させるところからはじめましょう。クローリングとスクレイピングをExcel VBAで行うにあたり、もっとも基本となる部分です。

指定したWebページを開く

クローラーは、おおむね次のような流れで動作します。

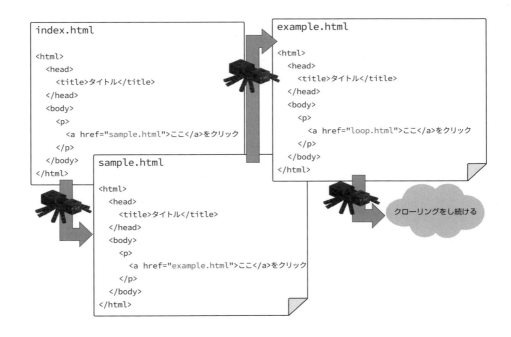

Excel VBAの場合、指定したURLのWebページを開くには、Internet Explorerの機能を利用します。Excel VBAよりInternet Explorerを制御してWebページを開き、そのWebページの内容を解析して次に開くWebページをHTMLのリンクから探し出し、クローリングを継続するのです。

　そのため、本節で説明する内容は、クローリング処理のもっとも導入的な部分と言えます。

サンプルプログラムとその解説

　まずはExcelを起動して、VBEを開いてください。次に2-1節にて説明したとおり、Internet Explorerを操作する上で必要となる2つのCOMを参照設定します。

　続いて、プロジェクトに標準モジュールを追加し、以下のプログラムを入力しましょう。

```
Option Explicit

'************************************************************
' Internet Explorerを制御し、指定したWebサイトを開きます
'************************************************************
Sub Webページ起動()
    'Internet ExplorerのCOMをインスタンス化します
    Dim ie As New InternetExplorer
    
    'Yahoo! JAPANのポータルサイトを開きます
    ie.navigate "https://www.yahoo.co.jp/"
    
    'Internet Explorerを表示します
    ie.Visible = True
End Sub
```

　入力したら、任意のフォルダーにExcelマクロファイル（xlsm）として保存し、「Web

ページ起動」マクロを実行します。すると、Internet Explorerが自動的に起動し、Yahoo！JAPANのポータルサイトが開くのを確認することができます。

では、このプログラムを詳しく見ていきましょう。

まずは、プログラム冒頭の以下の一文にて、Internet Explorerをインスタンス化（実体化）しています。

```
'Internet ExplorerのCOMをインスタンス化します
Dim ie As New InternetExplorer
```

実体化したInternet Explorerは、変数「ie」に格納されます。つまり、変数「ie」からInternet Explorerが持つさまざまなメンバ（メソッドやプロパティ）にアクセスできるようになります。

たとえば、指定したURLを開くNavigate()メソッドを実行することで、Yahoo! JAPANのポータルサイトをInternet Explorer上で開くことができます。

```
'Yahoo! JAPANのポータルサイトを開きます
ie.navigate "https://www.yahoo.co.jp/"
```

また、Visibleプロパティに対して論理型の真（True）を設定することで、Internet

Explorerをデスクトップ上に表示することができます。

```
'Internet Explorerを表示します
ie.Visible = True
```

　このVisibleプロパティにFalseを設定すると、デスクトップ上にInternet Explorerのブラウザーは表示されません。一見Internet Explorerが起動していないようにも見えますが、タスクマネージャーを見ると、Internet Explorerのプロセスが生成されているのを確認することができます。

▼Internet Explorerがデスクトップ上に表示されていなくても、プロセスには存在するのを確認できます（Internet Explorerのプロセス名は、○で囲われた「iexplorer.exe」です。）

　クローリングを行う場合、デスクトップ上にInternet Explorerを表示させ、クローリング中のWebページをブラウザー上にそのつど表示していたのでは、煩わしいうえ、描画の際に当該コンピューター上のメモリを多く使用してしまい、クローリング処理に時間がかかってしまいます。

042　第2章　Excel VBAでInternet Explorerを制御する

そのため、クローリングの際には、VisibleプロパティをFalseにしてブラウザーをデスクトップ上に表示しないのが一般的です。

> **この節のまとめ**
> ・Internet ExplorerのNavigate()メソッドで指定のURLを開く
> ・Internet ExplorerのVisibleプロパティでブラウザーの表示を切り替える
> ・クローリングはInternet ExplorerのVisibleプロパティをFalseにしておく

COLUMN

EdgeはExcel VBAで制御できる？

　本書の執筆時点でWindows OSの最新バージョンはWindows 10です。
　Windows 10においては、標準ブラウザがInternet ExplorerからMicrosoft Edgeに変更されました。しかし、どうして本書ではEdgeではなくInternet Explorerを操作することにしたのでしょうか。
　それは、Edgeが（COMによる）プログラムからの操作ができないからです。
　「参照設定」ダイアログを見るとわかるように、EdgeのCOMは存在しません。COM以外の方法を用いることでMicrosoft Edgeも操作はできるのですが、それには特殊なアプリケーションをインストールする必要があり、決して汎用的とは言えないのです。

2-4
Webページからテキストを取得

前節では、Excel VBAでInternet Explorerを起動し、指定したWebページを開く方法を解説しました。本節では、開いているWebページからテキストデータ（文字データ）を取得する方法を解説します。

Webページの文字列を収集する

　Yahoo!ニュースから時事関連の情報を入手したり、ゲームの攻略情報を入手するなどといった場合、インターネット上で参照するのは数多くのテキストデータ、つまり文字列データです。この文字データをインターネット上から収集する方法について、本節で説明したいと思います。

　本書の後半では、文字データから品詞ごとに分類し、それらを再構築することで新たな文章を作成したり、文章のなかから頻出する品詞を判断することによって文章をカテゴリー分けする方法などを紹介します。

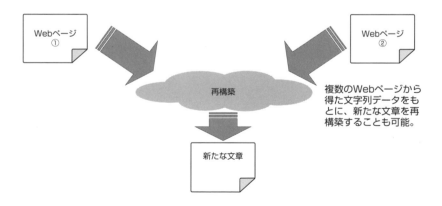

サンプルプログラムとその解説

　本節で説明する内容は、クローリングによってWebページからテキストデータ（文字データ）を収集する際に必要となるテクニックです。

　前節では、Yahoo! JAPANのポータルサイトをInternet Explorerで開くプログラムをExcel VBAで実装しましたが、それに少々手を加えます。

　サンプルコードは、次のとおりです。

```
Option Explicit

'----------------------------------------
' Win32 API定義
'----------------------------------------
Private Declare Sub Sleep Lib "kernel32" (ByVal dwMilliseconds As Long)


'***********************************************************
' Webページからテキスト（文字列）を取得します
'***********************************************************
Sub Webページからテキストを取得()
    'Internet ExplorerのCOMをインスタンス化します
    Dim ie As New InternetExplorer
    
    'Yahoo! JAPANのポータルサイトを開きます
    ie.navigate "https://www.yahoo.co.jp/"
    
    '完全に開ききるまで待機します
    Do
        '開き終えたらループを抜けます
        If (ie.Busy = False) Then
            Exit Do
```

2-4　Webページからテキストを取得　**045**

```
        End If
        
        '1秒間待機します
        Sleep 1000
    Loop
    
    'Internet Explorerを表示しません
    ie.Visible = False
    
    'Internet Explorerで開いているWebページからテキストを取得します
    Call MsgBox(ie.document.body.InnerText)
    
    'Internet Explorerを閉じます
    ie.Quit
End Sub
```

このVBAを実行すると、次のような結果が得られます。

Yahoo! JAPANのポータルサイトの文字データが、メッセージボックスに表示されました。Yahoo! JAPANの文字データが多すぎるため、すべての内容をメッセージボックスに表示することはできませんが、このプログラム内ではすべての文字データを取得できているのでご安心を。

　さて、それではこのプログラムを解説していきましょう。

　まず、「Webページからテキストを取得()」関数（マクロ）の宣言前に、次のような記述があります。

```
'--------------------------------------
' Win32 API定義
'--------------------------------------
Private Declare Sub Sleep Lib "kernel32" (ByVal
dwMilliseconds As Long)
```

　この記述では、Windows APIのSleep()関数を定義しています。

　Windows APIとは、Windows OSの機能をさまざまなプログラムから利用できるようにするためにWindows OS自身から提供されているプログラムです。つまり、Windows APIを利用することにより、Excel VBAからWindows OSの機能を利用することができるようになります。

　Windows APIにはさまざまな関数が提供されており、たとえばこのサンプルで使用するSleep()関数は、引数に指定された時間（ミリ秒単位）だけプログラムを一時的に停止することが可能です。使用例として、

```
Sleep 3000
```

と指定した場合、3秒間プログラムを止めることができます。

　さて、Navigate()メソッドでYahoo! JAPANのポータルサイトを開くところまでは前節と同じですが、本サンプルでは、Navigate()メソッドの後にInternet ExplorerのBusyプロパティがTrueの間、Sleep()関数によって1秒間待機し続けるような処理が実装されています。

```
'完全に開ききるまで待機します
Do
    '開き終えたらループを抜けます
    If (ie.Busy = False) Then
        Exit Do
    End If

    '1秒間待機します
    Sleep 1000
Loop
```

　これは、Internet ExplorerがWebサイトを完全に開ききるまで待機するための処理です。Internet Explorerを手動で操作した場合を考えてみるとわかりますが、Internet ExplorerはWebページを瞬時に開くことができず、開ききるのにしばらく時間がかかります。

　開くのに時間がかかるのはInternet Explorerのブラウザーに限ったことではありません。インターネットの通信速度により、Webページを開くまでのある程度の時間、待機しなければならないのは言うまでもありません。そしてInternet Explorerのブラウザーが Webサイトを完全に開ききった後でなければ、文字データの取得も中途半端な状態で終わってしまうので、待機の処理が必要になります。

　では、実際にWebページからテキストを取得する方法を見てみましょう。Webページからテキストを取得するには、Internet Explorerのdocument.bodyクラスよりInnerTextプロパティを参照するだけで済みます。このdocument.body.InnerTextプロパティは、HTMLの<body>タグからテキストのみを取得するためのプロパティです。つまり、以下の一文は、取得した<body>タグのテキストをメッセージ出力しています。

```
'Internet Explorerで開いているWebページからテキストを取得します
Call MsgBox(ie.document.body.InnerText)
```

ie.document.head.InnerText

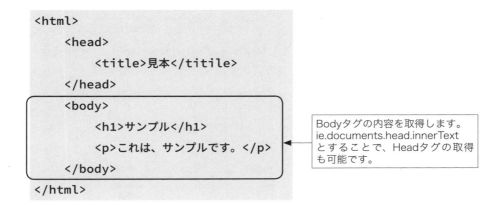

メッセージ出力が完了したら、Quit()メソッドを実行することで、Internet Explorerのインスタンスを解放します。

```
'Internet Explorerを閉じます
ie.Quit
```

このインスタンスの解放を行わなかった場合、Internet Explorerのプロセスは残ったままになってしまいます。前節にて説明した、一見デスクトップ上には何も表示されていないのに、タスクマネージャーで確認すると、Internet Explorerのプロセスが残っている状態です。これに気づかずにInternet Explorerのプロセスがいくつも残ったままの状態になってしまうと、当該コンピューターのメモリを圧迫してしまうこともあります。忘れてしまいがちですが、クローラーが完成したら、実行後にタスクマネージャーを表示し、Internet Explorerのプロセスが残ったままになってしまうような作りになっていないか、確認しましょう。

ちなみに、<header>タグからテキストを取得するには、document.head.InnerTextプロパティを参照します。

> **この節のまとめ**
> - Internet ExplorerがWebページを開ききるのを確認するには、BusyプロパティがFalseになるまで待機する
> - Webページからテキストデータを取得するには、document.body.InnerTextプロパティを参照する
> - クローリングやスクレイピングの後は、必ずQuit()メソッドを実行してInternet Explorerのプロセスを解放する

COLUMN

IEのプロセスを強制終了する

　プログラムのバグによってプログラムが異常終了したり、デバッグを意図的に中断した場合など、それまでプログラムから操作していたInternet Explorerのプロセスがメモリ上に残り続けてしまいます。
　「iexplorer.exe」がInternet Explorerのプロセスです。
　これらのプロセスを強制的に終了するには、当該プロセスを選択状態にし、タスクマネージャーの右下の「タスクの終了」ボタンをクリックします。これで、当該プロセスをメモリ上から解放することができます。
　Internet Explorerのプロセスがメモリ上に残ったままになっていると、プログラムの挙動が異常になってしまう可能性もありますので、注意が必要です。

2-5
WebページからHTMLを取得

前節では、HTMLの<body>タグからテキストデータを抜き取る方法について、説明しました。本節では、HTMLの<body>タグからHTMLを抜き取る方法を説明します。

Webページを操作するもっとも基本的なこと

　Excel VBAより、次にクローリングするWebページをリンク先から探したり、Webページ上に配置されているボタンをクリックしたり、テキスト欄に文字を入力したりするためには、まずはWebページのHTMLを解析し、操作する手法が必要となります。

```
<html>
  <head>
    <title>サンプルWebページ</title>
  </head>
  <body>
    <h1>サンプルWebページ</h1>
    <h2>このWebページの意味について</h2>
    <p>このサンプルページは、Webページのサンプルです。</p>
    <input type="button" value="はい">
    <a href="http://sample.com">会社情報</a>
  </body>
</html>
```

ボタンをクリックしたり、次のリンク先を取得するために、HTMLの解析が必要

　前節では、Webページからテキストデータを取得する方法について説明しましたが、本節では、WebページからHTMLデータを取得する方法について説明します。

サンプルプログラムとその解説

次に、WebページからHTMLを抜き取る手法を見てみましょう。

HTMLを抜き取ることにより、たとえばそのWebページのリンクタグを解析し、リンク先のサイトからも情報を抽出することが可能です。これが、クローリングのしくみです。クローリングを行うプログラムは、「スパイダー」とも呼ばれています。スパイダー（Spider）は、「蜘蛛（くも）」という意味の英単語です。クローラーが、蜘蛛の糸のように張り巡らされたWWW（World Wide Web）のネット上を自由に動き回りデータをかき集める様は、まさに蜘蛛のようです。

さて、WebページからHTMLを抜き取るには、先ほどのテキストを抜き取ったVBAを1行変更するだけで済みます。

以下、Yahoo! JAPANのポータルサイトのHTMLを抜き取るVBAです。

```
Option Explicit

'Windows APIを定義
Private Declare Sub Sleep Lib "kernel32" (ByVal
dwMilliseconds As Long)

'WebページからHTMLを取得します
Sub WebページからHTMLを取得()
    'Internet ExplorerのCOMをインスタンス化します
    Dim ie As New InternetExplorer
    
    'Yahoo! JAPANのポータルサイトを開きます
    ie.navigate "https://www.yahoo.co.jp/"
    
    '完全に開ききるまで待機します
    Do
        '開き終えたらループを抜けます
        If (ie.Busy = False) Then
            Exit Do
```

```
        End If

        '1秒間待機します
        Sleep 1000
    Loop

    'Internet Explorerを表示しません
    ie.Visible = False

    'Internet Explorerで開いているWebページからHTMLを取得します
    Call MsgBox(ie.document.body.innerHtml)

    'Internet Explorerを閉じます
    ie.Quit
End Sub
```

上記VBAを実行すると、次のような実行結果が得られます。

Webページからテキストを取得したVBAと比較した場合、関数名やコメントも若干書き変えましたが、実際の処理の部分で書き変えたのは<body>タグに指定するプロパティのみです。

```
'Internet Explorerで開いているWebページからHTMLを取得します
    Call MsgBox(ie.document.body.innerHtml)
```

　テキスト取得の場合はInnerTextプロパティを参照しますが、HTML取得の場合はInnerHTMLプロパティを参照します。
　このように、Excel VBAでも非常に簡単にWebページから情報を取得することができます。サンプルプログラムではメッセージボックスに表示するだけでしたが、タグを解析することによってリンク先の一覧を取得したり、Webページ上のボタンを自動でクリックするなどの処理もVBAから制御できるようになります。これらのサンプルプログラムについては、後の章に掲載します。

> **この節のまとめ**
> ・<body>タグのHTMLを取得するには、InnerHTMLプロパティを参照する
> ・クローリングにて、次のWebページのリンク先を取得する際にInnerHTMLプロパティを参照する
> ・HTMLを解析することにより、HTML上のリンク先を取得したり、ボタンをクリックすることが可能

2-6
COMの参照設定なしで Internet Explorerを制御

本章のはじめに、Internet Explorerの制御で必要となるCOMの参照設定について説明しました。本節では、COMの参照設定を行わずにInternet Explorerを制御する方法を見てみます。

COM参照を動的に行う

　本節の冒頭にて、Internet Explorerの操作のために必要なCOMをVBAプロジェクトから参照設定する方法を説明しました。しかし、この方法でCOMを参照すると、COMの種類によっては欠点となる場合があります。
　前述のCOMは問題ないのですが、たとえばデータベース接続で使用する「Microsoft ActiveX Data Object」のようなCOMの場合、バージョンごとにCOMの実体となるファイルが違います。実際に、COM参照のダイアログを開き、「Microsoft ActiveX Data Object」のCOMをご覧ください。環境によって、当該COMのさまざまなバージョンを確認することができるでしょう。

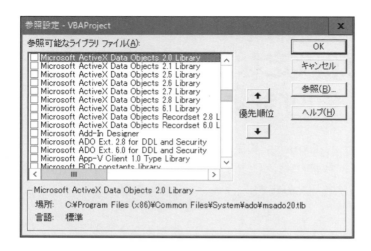

　このように、複数のバージョンが存在するCOMの場合、VBAを作成したコンピューター以外のコンピューターでは動作しない可能性もあります。Microsoftが提供するCOMの場合、旧バージョンとの互換性を保っている場合が多いため、COMを参照設定する際にあえて古いバージョンのCOMを選択することでVBAを動作させることもありますが、COMの参照をプログラム上で動的に行うことにより、バージョン不一致による不具合を防ぐ方法もあります。

サンプルプログラムとその解説

　本節の最初に作成したWebページを起動するVBAを、この方法を適用したプログラムで書き変えてみましょう。
　当該サンプルコードは、次のとおりです。

```
Option Explicit

'Internet Explorerを制御し、指定したWebサイトを開きます
Sub Webページ起動2()
    'Internet ExplorerのCOMをインスタンス化します
    Dim ie As Object
```

```
    Set ie = CreateObject("InternetExplorer.Application")

    'Yahoo! JAPANのポータルサイトを開きます
    ie.navigate "https://www.yahoo.co.jp/"

    'Internet Explorerを表示します
    ie.Visible = True
End Sub
```

　事前にCOMを参照設定した最初のサンプルと比較した場合、変数「ie」の定義部分を変更しています。

　最初のサンプルでは、変数「ie」のデータ型は「InternetExplorer」型でしたが、今回のサンプルの場合、「Object」型になっています。Object型で宣言した変数「ie」は、次行にてCreateObject()メソッドによってInternetExplorer型に上書きします。

```
    'Internet ExplorerのCOMをインスタンス化します
    Dim ie As Object
    Set ie = CreateObject("InternetExplorer.Application")
```

　この方法であれば、バージョン不一致によるエラーが発生しないため、COM参照を動的に行う後者の方が優れている印象を与えてしまいますが、実はこの方法にも欠点があります。後者の場合、Object型で変数を定義しているため、InternetExplorer型でのインテリセンスが効きません。つまりInternet Explorerのインスタンスにどのようなメンバ（メソッドやプロパティ等）があるのかをコード上で調べられないのです。

▼COMを参照設定した場合はインテリセンスが有効

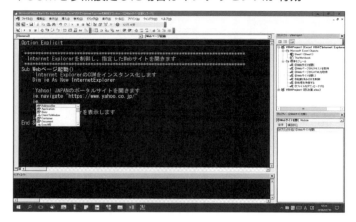

▼Object型で変数をした場合はインテリセンスが使えない

　もっとも、最初に述べたとおりInternet ExplorerのCOMの実体は1つだけですので、事前にCOMを参照設定しておく方法で問題ないでしょう。

> **この節のまとめ**
> ・COMの参照をプログラム内で動的に行うには、CreateObject()関数を使用する
> ・COMの参照をプログラム内で動的に行うメリットは、環境によるCOMのバージョンの不一致を気にする必要がない
> ・COMの参照をプログラム内で動的に行うデメリットは、インテリセンスが使用できない

2-7

起動中のInternet Explorerを制御する

さて、前節まではVBAで起動したInternet Explorerの実体を操作しました。本節では、すでに起動しているInternet ExplorerをVBAで制御する方法を見てみましょう。

すでに開いているWebページをExcel VBAでキャッチする

前節までのサンプルでは、Excel VBAでInternet Explorerを起動して、そのInternet Explorerを操作する方法を説明しました。本節では、すでに起動しているInternet Explorerの実体を取得し、それを制御する方法について説明します。

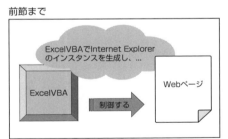
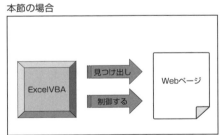

サンプルプログラムとその解説

すでに起動しているInternet ExplorerをVBAで制御するには、まず該当するInternet ExplorerのプロセスをVBAで取得します。起動しているInternet Explorer

のプロセスを取得するには、Windows API関数を利用します。Windows APIについては、Sleep()関数の説明の際にすでに説明済みです。詳しくは、047ページをご覧ください。

では、サンプルプログラムを見てみましょう。サンプルプログラムは、次のとおりです。

```
Option Explicit

'****************************************************************
' すでに起動中のInternet Explorerを制御します。
'****************************************************************
Sub 起動中のIEを制御()
    'Shell.ApplicationのCOMをインスタンス化します
    Dim sh As Object
    Set sh = CreateObject("Shell.Application")
    
    'InternetExplorerのCOMをインスタンス化します
    Dim ie As InternetExplorer
    Set ie = Nothing
    
    '起動中のWindowを1つずつ調べます
    Dim w As Object
    For Each w In sh.Windows
        'InternetExplorerであれば
        If (TypeOf w Is InternetExplorer) Then
            'かつ、Yahoo! JAPANサイトを起動中であれば
            If (0 < InStr(w.LocationURL, "https://www.yahoo.co.jp/")) Then
                'そのインスタンスを変数「ie」にセットし、ループを抜けます
                Set ie = w
                Exit For
            End If
```

```
        End If
    Next
    
    '変数「ie」がNothingでなければ
    If Not (ie Is Nothing) Then
        'Yahoo！JAPANを起動中のInternetExplorerを閉じます
        ie.Quit
        
    '変数「ie」がNothingのままであれば
    Else
        '以下のメッセージボックスを表示します
        MsgBox "見つかりません"
    End If
End Sub
```

　このサンプルプログラムの概要をかんたんに説明すると、プログラムが実行された直後、現在起動しているすべてのウィンドウから以下の2つの条件に合致するウィンドウを探し出しています。

・ウィンドウがInternet Explorerであること
・Internet Explorerであった場合、指定のURLを開いていること

　上記に該当するプロセスが見つかったら、これをInternetExplorer型の変数にセットし、あとはこの変数にセットされたInternet Explorerの実体を制御します。
　では、1行目から詳しく見てみましょう。まずは最初にShell.ApplicationのCOMをCreateObject()関数によってインスタンス化し、変数「sh」に格納しています。

```
    'Shell.ApplicationのCOMをインスタンス化します
    Dim sh As Object
    Set sh = CreateObject("Shell.Application")
```

　CreateObject()関数については、前節で説明したとおりです。本サンプルではCreateObject()関数によって動的にShell.ApplicationのCOMを参照しましたが、こ

れをプロジェクトから参照設定する場合、COMの名称は次のとおりです。

　　　　Microsoft Shell Controls And Automation

　Shell.ApplicationのCOMを事前に参照設定した場合、変数の定義は次のようになります。

　　　　Dim sh As Shell32.Shell

　次の行では、InternetExplorer型の変数「ie」を定義し、その変数を初期化しています。

```
'InternetExplorerのCOMをインスタンス化します
Dim ie As InternetExplorer
Set ie = Nothing
```

　前節までは、定義した変数「ie」をNewキーワードで即座にインスタンス化していましたが、本節では、同変数にNothingを代入することで初期化しています。この変数は、上記の2つの条件に合致するウィンドウのインスタンスを格納するために定義したものです。
　さて、この2つの条件に合致するウィンドウの検索に該当するのが、以下の部分です。

```
'起動中のWindowを1つずつ調べます
Dim w As Object
For Each w In sh.Windows
    'InternetExplorerであれば
    If (TypeOf w Is InternetExplorer) Then
        'かつ、Yahoo! JAPANサイトを起動中であれば
        If (0 < InStr(w.LocationURL, "https://www.yahoo.co.jp/")) Then
            'そのインスタンスを変数「ie」にセットし、ループを抜けます
            Set ie = w
```

```
                Exit For
            End If
        End If
Next
```

　はじめに定義した変数「w」は、起動中のウィンドウの実体を格納するための変数です。Object型で定義することにより、Internet Explorer以外のウィンドウもその変数に格納できるようにしています。

　次に、Shell.Applicationのインスタンスを格納した変数「sh」のWindowsプロパティを参照し、起動中のウィンドウのインスタンスを変数「w」に1つずつ格納しています。

　さらに次の行では、変数「w」に格納されているインスタンスの型を確認し、それがInternetExplorer型であるかどうかを調べています。もしInternetExplorer型であれば、続いてそのInternet Explorerが現在開いているURLを参照し、Yahoo! JAPANのポータルサイトであれば、変数「ie」に変数「w」のインスタンスを格納し、繰り返し処理を抜けます。Internet Explorerで現在開いているWebページを確認するには、LocationURLプロパティを参照します。

　sh.Windowsプロパティからすべてのウィンドウのインスタンスを確認した後か、もしくは変数「ie」に上記2つの条件に合致するInternet Explorerのインスタンスを取得できた場合、繰り返し処理を抜けます。

　続いて変数「ie」の値を確認し、同変数がまだNothingであった場合は上記2つの条件に合致するウィンドウはなかったことになり、その旨メッセージに表示します。またNothing以外であった場合は、Internet Explorerのインスタンスが格納された同変数にてQuit()メソッドを実行することにより、Internet Explorerを閉じます。

```
'変数「ie」がNothingでなければ
If Not (ie Is Nothing) Then
    'Yahoo! JAPANを起動中のInternetExplorerを閉じます
    ie.Quit

'変数「ie」がNothingのままであれば
Else
```

```
        '以下のメッセージボックスを表示します
        MsgBox "見つかりません"
    End If
```

> **この節のまとめ**
> ・Windows API関数のShell.Application.Windowsを参照することで、起動中のすべてのプロセスを取得する
> ・Shell.ApplicationのCOMの名前は、「Microsoft Shell Controls And Automation」
> ・Internet ExplorerのLocationURLプロパティを参照することにより、開いているWebページのURLを取得できる

2-8
Webページを閉じるまで処理を待機する

Internet ExplorerをVBAで制御中、そのInternet Explorerを閉じるまで、VBAプログラムの処理の続行を待機する方法を説明します。Internet Explorerを閉じる操作を、VBAから行うのではなく、ユーザーが手動で行う場合に有効です。

ブラウザーが終了するまで監視する

　Internet ExplorerをVBA上から閉じるのであれば、むろん、Internet Explorerを閉じたタイミングを把握することができます。しかし、Internet Explorerをユーザーが手動で閉じた場合、どのようにすれば閉じたタイミングを取得できるでしょうか。
　今回のサンプルプログラムも、Windows APIを利用します。Windows APIは、Excel VBAから見た場合の外部アプリケーションの参照や制御といった場合に多用することになります。今回の場合は、Internet Explorerのプロセスが存在するかどうかを監視することで、手動で閉じたタイミングを検知します。

サンプルプログラムとその解説

　では、サンプルプログラムを見てみましょう。今回のサンプルプログラムは、本章の最初に紹介したWebページを開くだけのサンプルプログラムに手を加えます。VBAによって起動したInternet Explorerのブラウザーが、手動で閉じられるまでの間、VBAのプログラムの処理を中断します。

```
Option Explicit

'----------------------------------------
' Win32 API定義
'----------------------------------------
Private Declare Function GetWindowThreadProcessId Lib "user32.dll" (ByVal hwnd As Long, ByRef ProcessId As Long) As Long
Private Declare Function WaitForSingleObject Lib "KERNEL32.DLL" (ByVal hHandle As Long, ByVal dwMilliseconds As Long) As Long
Private Declare Function OpenProcess Lib "KERNEL32.DLL" (ByVal dwDesiredAccess As Long, ByVal bInheritHandle As Long, ByVal dwProcessId As Long) As Long
Private Declare Function CloseHandle Lib "KERNEL32.DLL" (ByVal hObject As Long) As Long


'----------------------------------------
' 定数定義
'----------------------------------------
Private Const SYNCHRONIZE As Long = &H100000
Private Const INFINITE    As Long = &HFFFF

'起動したWebサイトを閉じるまで、処理を待機します。
Sub Webページ起動()
    'Internet ExplorerのCOMをインスタンス化します
```

```vb
    Dim ie As New InternetExplorer

    'Yahoo! JAPANのポータルサイトを開きます
    ie.navigate "https://www.yahoo.co.jp/"

    'Internet Explorerを表示します
    ie.Visible = True

    '指定したプロセスIDが解放されるまで処理を待機します
    Call WaitForExitWindowHandle(ie.hwnd)
End Sub


'***************************************************************
' 概要  :指定されたウィンドウハンドルが解放されるまで処理を待機
' 引数  :[hwnd]...ウィンドウハンドル
'         [msec]...待機する間隔(ミリ秒)
' 戻り値:なし
'***************************************************************
Private Sub WaitForExitWindowHandle(ByVal hwnd As Long, _
Optional ByVal msec As Long = INFINITE)
    'ウィンドウハンドルからプロセスIDを取得します
    Dim pid As Long
    Call GetWindowThreadProcessId(hwnd, pid)

    'プロセスIDからプロセスハンドルを取得します
    Dim hPh As Long
    hPh = OpenProcess(SYNCHRONIZE, 0&, pid)

    'プロセスハンドルが終了されるまで処理を待機します
    If (hPh <> 0) Then
        Call WaitForSingleObject(hPh, msec)
        Call CloseHandle(hPh)
```

```
    End If
End Sub
```

　処理の中にWaitForExitWindowHandle()関数の実行が追加されています。この関数は、引数に指定されたウィンドウハンドルが解放されるまで、処理を待機するものです。

　WaitForExitWindowHandle()関数について、まずは引数で指定されたウィンドウハンドルをプロセスIDに変換します。ウィンドウハンドルは、各ウィンドウが持つ識別IDのことです。プロセスIDは、各プロセスが持つ識別IDのことです。

　ウィンドウハンドルからプロセスIDへの変換は、GetWindowThreadProcessId()関数というWindows APIを使用します。次に、取得したプロセスIDをプロセスハンドルに変換します。プロセスハンドルも、プロセスが持つ識別IDなのですが、こちらは主にWindows APIから使用するために用いられるものです。

　プロセスハンドルへの変換は、OpenProcess()関数というWindows APIを使用します。プロセスハンドルを取得したら、Windows APIのWaitForSingleObject()関数にそのプロセスハンドルを指定することで、当該プロセスが終了されるまで待機することができます。また、Windows APIのCloseHandle()関数でつかんでいたプロセスを解放します。

この節のまとめ

- Internet Explorerが手動で閉じられたタイミングをExcel VBAで取得することが可能
- 各ウィンドウは、ウィンドウハンドルという識別IDを持つ
- 各プロセスは、プロセスIDとプロセスハンドルという識別IDを持つ

2-9
ファイルをダウンロードする

本節では、URLを指定してファイルをダウンロードする方法について説明します。ファイルのダウンロードだけであれば、Internet ExplorerをCOM参照する必要はありません。ファイルのダウンロードも、Windows APIを利用することで実装します。

写真や動画を収集するために

今までは、主にテキストデータの扱いについて説明してきましたが、本節では、写真や動画といったバイナリーファイルをダウンロードする方法について説明します。

ダウンロードしたい画像ファイルをInternet ExplorerのNavigate()メソッドで指定しても、その画像がWebブラウザーに表示されるだけです。画像をローカルにダウンロードする場合は、Internet Explorerを使う必要はありません。今回もまた、Windows APIを利用します。

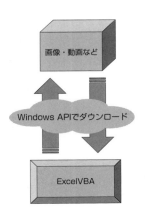

Windows APIは、その宣言方法や引数に渡すプロセスハンドルの取得などが面倒であるため、若干ハードルが高く感じられがちですが、汎用的に使えます。ですから、たとえばWindows APIを利用する処理を別モジュールとしてまとめておき、さまざまなプロジェクトで使いまわすようにするといいでしょう。

サンプルプログラムとその解説

さて、サンプルプログラムを見てみましょう。このサンプルプログラムを実行すると、私が管理する「フリープログラミング団体　いかちソフトウェア」のWebサイトから戦闘機の画像をローカルの「C:¥TEMP」フォルダーにダウンロードします。サンプルプログラムを実行する前に、あらかじめ「C:¥TEMP」フォルダーを作成しておいてください。

```vb
Option Explicit

'----------------------------------------
' Win32 API定義
'----------------------------------------
Private Declare Function URLDownloadToFile Lib "urlmon" _
Alias "URLDownloadToFileA" (ByVal pCaller As Long, ByVal _
szURL As String, ByVal szFileName As String, ByVal dwReserved _
As Long, ByVal lpfnCB As Long) As Long


'***********************************************************
' 指定したファイルをダウンロードします
'***********************************************************
Sub ファイルをダウンロード()
    'ダウンロードするファイルを定義します
    '戦闘機の画像をダウンロードします
    Const TARGET_URL As String = "http://www.ikachi.org/graphic/military/sky/m007a.jpg"
```

```
    'ダウンロード先のパスを定義します
    '※あらかじめ、ダウンロード先フォルダーを作成しておく必要があります
    Const DWNLD_PATH As String = "C:\TEMP\sample.jpg"

    'WinAPI関数を使ってファイルをダウンロードします
    If (URLDownloadToFile(0, TARGET_URL, DWNLD_PATH, 0, 0) = 0) Then
        MsgBox "ダウンロードしました。"
    Else
        MsgBox "ダウンロードに失敗しました。"
    End If
End Sub
```

サンプルプログラムを実行すると、「C:¥TEMP」フォルダーに"sample.jpg"というファイル名で、戦闘機の画像がダウンロードされたのを確認することができます。

「フリープログラミング団体　いかちソフトウェア」のWebサイトでは、戦闘機の画像だけでなく、シューティングゲームの作成などでも使える多くの画像のフリー素材をダウンロードすることができます。ぜひ、クローリングの検証にご利用ください。

軍事（ミリタリー）画像 - 戦闘機（シューティングゲーム用）
http://www.ikachi.org/graphic/military/04.html

　では、サンプルプログラムの解説を行います。ネットワーク上からファイルをダウンロードするには、前述のとおり、Windows APIを利用します。関数名は、「URLDownloadToFile」です。
　使い方は簡単で、この関数の第2引数にはターゲットとなるファイルのURLを、第3引数にはダウンロード先を指定するだけです。関数の戻り値が0ならダウンロード成功、それ以外ならダウンロード失敗です。

> **この節のまとめ**
> - Excel VBAからネットワーク上のファイルをダウンロードするだけならば、Internet ExplorerのCOMを参照する必要はない
> - Excel VBAからネットワーク上のファイルをダウンロードするには、Windows APIのURLDownloadToFile()関数を使用する
> - Windows APIを呼び出す処理は、1つにまとめて別モジュール化しておき、使いまわすと便利

COLUMN

よくみるHTTPステータスコード

　先ほど、HTTPステータスコード「404：Not Found」について、説明しました。
　HTTPステータスコードには、このほかにもさまざまなものがあります。一般的なHTTPステータスコードについて、説明します。

「200：OK」
　リクエスト（要求）に対し、正常なレスポンス（応答）を返した状態を表

すステータスコードです。通常、何の問題もなくブラウジングをしている場合、HTTPステータスコードは200を返しています。

「403：Forbidden」
　閲覧権限のないリソースに対してリクエストが送信された場合に返されるステータスコードです。要は、立ち入り禁止の領域に対して侵入しようとした者に対し、ここは立ち入り禁止領域であることを通知し、追い返した状態です。

「404：Not Found」
　リクエストしたリソースが見つからない場合に返されるステータスコードです。前述のとおり、404エラーが発生した場合、あらかじめ用意されている別のWebページを表示するようになっているWebサイトもあるため、クローリングの際は注意が必要です。

「500：Internal Server Error」
　Webサーバー側の問題により、正常なレスポンスが返せない状態を表すステータスコードです。Webサービス側のプログラムミスによるものが大半です。

「503：Service Unavailable」
　Webサーバー側に負荷がかかっているため、正常なレスポンスが返せない状態を表すステータスコードです。Twitterがサービス開始直後、頻繁にクジラのイラストとともにエラーを返していましたが、そのエラーはこの503エラーでした。

　ステータスコードは、おおむね次のように判別できます。

100番台：案内表示のみ。特に問題なし。
200番台：正常なレスポンス。
300番台：リソースの移転に伴い、リクエストに対して期待するレスポンスを返していないと思われる通知。

400番台：存在しないリソース要求など、クライアント側のミスによるエラー

500番台：Webサービスにおけるプログラムのバグなど、サーバー側のミスによるエラー

2章のおさらい

　本章では、Excel VBAでInternet Explorerを制御する方法について説明しました。Excel VBAでInternet Explorerを制御する手法は、Excel VBAでクローリングとスクレイピングを行う際に必須の知識となります。
　ポイントは、

・新たにInternet Explorerを起動して制御
・すでに開いているInternet Explorerを制御

の違いと、

・あらかじめ、Internet ExplorerのCOMを参照しておく
・プログラム内で動的にInternet ExplorerのCOMを参照する

の違いを理解することです。
　この2つのポイントに関して、違いを詳しく説明できるようにしておいてください。

第 3 章

Excel VBAで
HTMLタグを制御する

本章では、クローリングとスクレイピングの際にもっとも重要となる、HTMLタグの解析および制御をExcel VBAで行う方法について説明します。

HTMLタグには、さまざまな種類があります。たとえば、Yahoo!アカウントにログインする場合、ユーザーIDとパスワードを入力し、ログインボタンをクリックする必要がありますが、これにはユーザーIDを入力する<INPUT TYPE="TEXT">タグ、パスワードを入力する<INPUT TYPE="PASSWORD">タグ、ログインボタンの<INPUT TYPE="SUBMIT">タグの3つのタグの制御が必要です。

また、クローリングの際に次のリンク先を探し出すには、<a>タグの解析が必要となります。

3-1
Excel VBAでHTMLを制御するには

HTMLには、さまざまなタグがあります。本章では、いくつかの主要なHTMLタグを解析し、制御する方法を説明します。本節では、Excel VBAからHTMLタグを解析・制御するための技術についてくわしく述べます。

HTMLとは

　HTMLは、Hyper Text Markup Languageの略で、一般的なWebページを構成するハイパーテキストを記述するためのマークアップ言語で書かれたテキストファイルです。まず、ハイパーテキストとは、複数のテキストを相互に関連付けするための技術仕様をいいます。例えばWebページにて、「ここをクリック」などと下線付きで書かれた文字列をクリックすると、別のWebサイトへリンクするための仕組みもハイパーテキストによるものです。マークアップ言語は、テキストの文字を大きくしたり色を付けたりするなどの文字装飾や、文章をタグと呼ばれる文字列によって構造化するための機能をもった記述言語です。つまりHTMLは、ハイパーテキストの機能を有したマークアップ言語のひとつなのです。

　HTMLのファイル拡張子は、一般的に"htm"もしくは"html"が使用されます。なぜ2種類の拡張子があるのかというと、20年以上前に大ヒットしたWindows 95が発売される以前のWindows OS（Windows 3.1以前）では、拡張子は3文字までしか使用できないという仕様上の制限があったためです。Windows 95以降、拡張子として"html"も使われるようになり、結果HTMLには2種類の拡張子が存在するようになりました。

```html
<html>
    <head>
        <title>HTMLサンプル</title>
    </head>
    <body>
        <h1>HTMLサンプル</h1>
        <p>これは、HTMLのサンプルです。</p>
    </body>
</html>
```

HTMLタグを解析するための技術

　Excel VBAでHTMLタグを解析するには、「DOM」という技術を使用します。DOMとは、Document Object Modelの略で、HTMLドキュメントやXMLドキュメントをプログラムで解析するためにW3C（World Wide Web Consortium（インターネットのWWW（ワールド・ワイド・ウェブ）に関する規格化や標準化を行う団体）が考案した技術仕様です。
　DOMを使うことにより、たとえばHTMLタグの名前を指定したり、Id属性を指定することで、それに該当するHTMLタグのオブジェクトをプログラム上で取得することができるようになります。
　DOMを使わない場合は、Excel VBAであればInStr()関数やMID()関数などの文字列関数を駆使することで、独自でタグの解析プログラムを開発しなければなりません。
　DOMを使用することでHTMLドキュメントの解析がいかに楽になるかは、次節から実際のサンプルプログラムを見ていただくことにしましょう。

サンプルプログラムの検証で使用するWebページについて

　本節で紹介するサンプルプログラムは、以下のWebページを使用します。

　　　HTMLサンプル
　　　http://www.ikachi.org/sample/sample.html

サンプルプログラムを実行するまえに、上記URLをInternet Explorerで開いた状態にしておいてください。Excel VBAで制御するのはInternet Explorerですので、Google ChromeやMicrosoft Edgeで上記URLを開いても、まったく意味がないので注意してください。
　さて、本章で紹介するサンプルプログラムは、以下の操作を自動で行います。

・テキストボックス操作
・パスワード入力欄操作
・チェックボックス操作
・ラジオボタン操作
・セレクトボックス操作
・テキストエリア操作
・ハイパーリンク操作
・ボタン操作
・Submitボタン操作
・テーブル操作

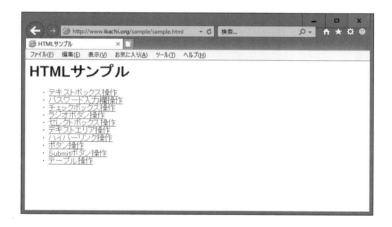

　それぞれの項目を節ごとに解説しています。上記URLで使用しているWebページのサンプルは、HTMLタグが苦手な方にもわかりやすいように、可能な限りシンプルにしてあります。
　これらのHTMLタグの操作については、ぜひとも本章で確実に習得しましょう。

> **この節のまとめ**
> - Excel VBAでHTMLタグを解析するには、DOM（Document Object Model）という技術仕様を使用する
> - DOMを使用することで、プログラム上で複雑な文字列解析を行う必要がなくなる
> - 次節以降のサンプルプログラムを動作させる場合、あらかじめInternet Explorerでサンプルwebページを開いておく

COLUMN

ユーザーインターフェースを取り込むHTML

HTMLにもバージョンがあります。

原稿執筆時点での最新バージョンは、5です。

以前はAdobe社のAdobe Flash PlayerによってInternet Explorerなどのブラウザー上でも凝ったユーザーインターフェイスが実現されていましたが、セキュリティの脆弱性がしばしば指摘され、また、プラグラインという形式なのでアップデートの手間などもあり、次第に使われなくなっていきました。

これに代わって、使われるようになったのがHTML5です。・HTML5では、スマートフォンやタブレット端末に搭載されているマイクやカメラにアクセスしたり、音楽ファイルや動画ファイルなどのマルチメディアを再生するための機能が提供されています。

3-2
テキストボックス操作

最初にテキストボックスを操作する方法を見てみましょう。テキストボックスは、<input>タグのTYPE属性が"text"になっているコントロールオブジェクトです。ログインフォームでアカウント名を入力したり、ネットショップで商品の郵送先を入力するときなどに使用されています。

テキストボックスの用途

　テキストボックスは、下記のような「お問い合わせ」フォームに配置されている「氏名」「メールアドレス」「住所」など、文字を自由に入力するためのコントロールです。ただし、「お問い合わせ内容」のような複数行入力可能なコントロールは、「テキストエリア」というコントロールです。テキストボックスは、1行分の文字データの入力欄が該当します。

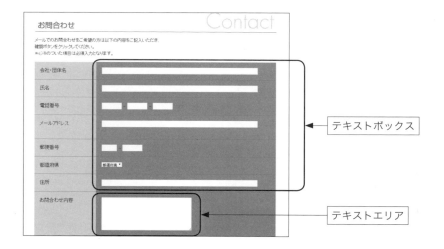

サンプルプログラムとその解説

　前節でも説明しましたが、サンプルプログラムを実行する前に、まずは動作検証するWebサイトをInternet Explorerで起動しておいてください。

　Internet Explorerで当該サイトを開いたら、いちばん上の「・テキストボックス操作」をクリックします。すると、以下の画像のようにテキストボックスが1つだけ貼り付いたWebページが表示されます。

HTMLサンプル01
http://www.ikachi.org/sample/sample01.html

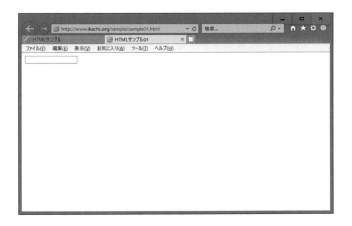

このWebページのHTMLは、次のとおりです。

```
<html>
  <head>
    <title>HTMLサンプル01</title>
  </head>
  <body>
    <input type="text" id="Text1">
  </body>
</html>
```

当該WebページをInternet Explorerで開いたら、サンプルプログラムを実行してみましょう。
　サンプルプログラムを実行すると、このWebページのテキストボックスに"鈴木一郎"という文字列が挿入され、さらにその内容がメッセージ表示されます。

```
Option Explicit

'----------------------------------------
' Win32 API定義
'----------------------------------------
Private Declare Sub Sleep Lib "kernel32" (ByVal dwMilliseconds As Long)


'****************************************************************
' <input type="text">を操作します
'****************************************************************
Sub テキストボックス操作()
    'Internet ExplorerのCOMをインスタンス化します
    Dim ie As New InternetExplorer
    
    'サンプルHTMLを開いているInternet Explorerのインスタンスを取得します
    Set ie = GetIEObject("http://www.ikachi.org/sample/sample01.html")
    If (ie.LocationURL = "") Then
        MsgBox "サンプルとなるWebページを開いてください。"
        Exit Sub
    End If
    
    '操作するテキストボックスのnameもしくはidを指定します
    '----------------------------------------------------------
    'getElementById()は、タグに付けたIDでオブジェクトを取得します
    'タグに付いているIDは、(本来であれば)HTML内で重複がないように作成されています
```

082　第3章　Excel VBAでHTMLタグを制御する

```
    'そのため、単一のgetElementById()は、単一のオブジェクトを返します
    Dim txtObj As HTMLInputElement
    Set txtObj = ie.document.getElementById("Text1")

    'テキストボックスに値を代入します
    txtObj.Value = "鈴木　一郎"

    '代入されている値をメッセージ表示します
    MsgBox txtObj.Value
End Sub
```

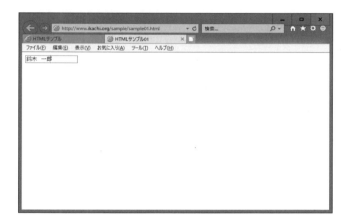

　このサンプルプログラムを上から順に解説すると、先頭では、前章でもおなじみの変数「ie」を定義し、Internet Explorerのインスタンスを格納しています。そしてこのサンプルプログラムの場合、次行にて、そのインスタンスに対してGetIEObject()関数の戻り値をセットしています。GetIEObject()関数の引数には、先ほどInternet Explorerで開いたサンプルのWebページのURLが指定されています。

```
    'サンプルHTMLを開いているInternet Explorerのインスタンスを取得します
    Set ie = GetIEObject("http://www.ikachi.org/sample/sample01.html")
    If (ie.LocationURL = "") Then
```

3-2　テキストボックス操作　**083**

```
        MsgBox "サンプルとなるWebページを開いてください。"
        Exit Sub
    End If
```

このGetIEObject()関数の定義は、"bas共通"モジュール内にあります。

GetIEObject()関数は、引数に指定されたURLを開いているInternet Explorerのインスタンスを返します。以降の節でも同様の処理を行いますので、当該処理を関数化し、別モジュールにてPublicスコープで定義しました。

GetIEObject()関数のプログラムの内容は、次のとおりです。

◆プログラム（bas共通.bas）

```
'*************************************************************
' 関数名：GetIEObject
' 概要  ：指定されたURLを開いているInternetExplorerのインスタンスを返します
' 引数  ：[url]...URL
' 戻り値：InternetExplorerのインスタンス
'*************************************************************
Public Function GetIEObject(ByVal url As String) As InternetExplorer
    '戻り値を初期化します
    Set GetIEObject = Nothing
    
    'Shell.ApplicationのCOMをインスタンス化します
    Dim sh As Object
    Set sh = CreateObject("Shell.Application")
    
    '起動中のWindowを1つずつ調べます
    Dim w As Object
    For Each w In sh.Windows
        'InternetExplorerであれば
        If (TypeOf w Is InternetExplorer) Then
```

```
                'かつ、指定されたURLを起動中であれば
                If (w.LocationURL = url) Then
                    'そのインスタンスを戻り値となる変数にセットし、ループを抜け
ます
                    Set GetIEObject = w
                    Exit For
                End If
            End If
    Next
End Function
```

　この関数は、前章の「起動中のIEを制御」で説明した関数を改良したものです。
　前章の「起動中のIEを制御」で説明した時は、指定したURLを開いているInternet Explorerのインスタンスを取得したら、Quit()メソッドでそのインスタンスを解放していました。
　これを改変して、今回作成した関数では、取得したInternet Explorerのインスタンスを関数の戻り値として返すようにしています。
　では、再び本節のサンプルプログラムに戻りましょう。
　GetIEObject()関数で操作対象のInternet Explorerのインスタンスを取得したら、そのインスタンスからWebページのHTMLタグを解析します。
　作業としては、最初にHTML上のテキストボックスのオブジェクトを変数に取得します。まずは、変数「txtObj」をHTMLInputElement型で定義します。このHTMLInputElement型は、HTMLのInputタグの要素を格納するためのデータ型です。続いて、次行にてdocumentクラスのgetElementById()メソッドを実行し、HTMLタグのId属性が"Text1"となっているオブジェクトのインスタンスを取得し、変数「txtObj」にセットします。

```
            '操作するテキストボックスのnameもしくはidを指定します
            '-------------------------------------------------------
            'getElementById()は、タグに付けたIDでオブジェクトを取得します
            'タグに付いているIDは、(本来であれば)HTML内で重複がないように作成されて
います
```

```
'そのため、単一のgetElementById()は、単一のオブジェクトを返します
Dim txtObj As HTMLInputElement
Set txtObj = ie.document.getElementById("Text1")
```

　getElementById()メソッドは、パラメーターにIDを指定し、該当するオブジェクトのインスタンスを返します。
　HTMLは、Id属性がそのHTML内で重複しないように設定されています。そのため、指定したIDに該当するオブジェクトは1つだけ取得できることが前提となっています。
　getElementById()メソッドによってテキストボックスのインスタンスを取得したら、そのインスタンスのValueプロパティに値をセットしたり参照することで、テキストボックスに文字列をセットしたり、文字列の内容を取得することができます。

```
'テキストボックスに値を代入します
txtObj.Value = "鈴木　一郎"

'代入されている値をメッセージ表示します
MsgBox txtObj.Value
```

　このサンプルプログラムでは、Valueプロパティに"鈴木　一郎"という文字データをセットし、さらにそのあとにValueプロパティの値をメッセージ表示しています。
　HTMLタグの操作は、このgetElementById()メソッドによるオブジェクトの取得が基本です。
　以降の節ではテキストボックス以外のコントロールオブジェクトについて説明しますが、基本はgetElementById()メソッドでオブジェクトを取得し、そのオブジェクトが提供するメンバを利用します。

> **この節のまとめ**
> - まずは、該当WebページをInternet Explorerで開き、そのオブジェクトを取得
> - getElementById()メソッドにて、パラメーターに指定したIDに該当するコントロールオブジェクトを取得
> - 取得したHTMLコントロールオブジェクトが提供するメンバを操作することで、HTMLを制御

C O L U M N

Webアプリケーションの脆弱性

　Webアプリケーションには、セキュリティ面において、非常に重大な脆弱性が潜んでいる場合があります。

　Webアプリケーションに対しては、さまざまな攻撃方法があるのですが、その中でも特に有名なものが、ユーザー名とパスワードを入力させるようなユーザーインターフェイスにおいて、ユーザー名の入力欄にJavaScriptやSQLを入力することで、データの改ざんや漏洩といった非常に重要な問題を引き起こすものがあります。

　この攻撃方法への対策はWebアプリケーション側で可能であり、これらの重要な攻撃方法を許してしまうこと自体、そのWebアプリケーションはセキュリティに関する重大なバグがあると言えるのですが、特に本書で紹介している技術を利用することにより、これらの脆弱性を持つWebアプリケーションを探し出す方法を思い付いてしまうかも知れません。

　しかし、上記のような方法を用いてWebアプリケーションを攻撃する場合、不正アクセス禁止法などの法律に抵触します。

　絶対に止めましょう。

3-3
パスワード入力欄操作

次に、パスワード入力欄を操作してみましょう。パスワード入力コントロールは、<input>タグのTYPE属性が"password"になっているコントロールオブジェクトです。ログインフォームでパスワードを入力するときなどに使用されています。

パスワード入力欄について

下の画像は、Twitterのログインフォームです。

テキストボックスとの決定的な違いは、見た目上は入力した文字が別の文字に変換されるため、入力した内容がわからなくなるところです。この、見た目上は別の文字に変換されるしくみを、マスク（Mask）と言います。パスワード入力の際にマスクをかける理由は、他者によるのぞき見防止のためです。
　Excel VBAからでも、マスクがかけられたパスワード入力欄に対し、文字列を送り込むことが可能です。

サンプルプログラムとその解説

　パスワード入力欄の操作は、前節のテキストボックスの操作と同様、getElementById()メソッドにて操作します。

　　　HTMLサンプル02
　　　http://www.ikachi.org/sample/sample02.html

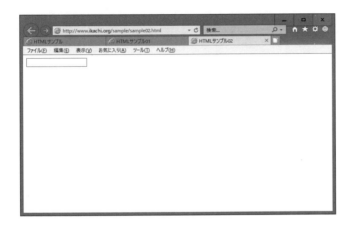

　このWebページのHTMLは、次のとおりです。

```
<html>
  <head>
    <title>HTMLサンプル02</title>
  </head>
  <body>
    <input type="password" id="Password1">
  </body>
</html>
```

　開いたWebページは前節のものとそっくりですが、INPUTタグのTYPE属性が

"password"になっており、入力文字はマスク（記号によって入力文字がわからないようにする処理）されます。

では、サンプルプログラムを実行してみましょう。サンプルプログラムを実行すると、このWebページのパスワード入力欄にパスワードを代入します。

```vba
Option Explicit

'----------------------------------------
' Win32 API定義
'----------------------------------------
Private Declare Sub Sleep Lib "kernel32" (ByVal dwMilliseconds As Long)


'***************************************************************
' <input type="password">を操作します
'***************************************************************
Sub パスワード入力欄操作()
    'Internet ExplorerのCOMをインスタンス化します
    Dim ie As New InternetExplorer
    
    'サンプルHTMLを開いているInternet Explorerのインスタンスを取得します
    Set ie = GetIEObject("http://www.ikachi.org/sample/sample02.html")
    If (ie.LocationURL = "") Then
        MsgBox "サンプルとなるWebページを開いてください。"
        Exit Sub
    End If
    
    '操作するパスワード入力欄のidを指定します
    Dim pwdObj As HTMLInputElement
    Set pwdObj = ie.document.getElementById("Password1")
```

```
    'パスワード入力欄に値を代入します
    pwdObj.Value = "password"

    '代入されている値をメッセージ表示します
    MsgBox pwdObj.Value
End Sub
```

▼実行結果

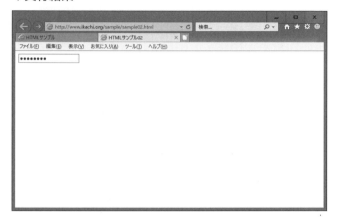

　ほぼ、前節で紹介したサンプルプログラムと同じです。
　パスワード入力のコントロールオブジェクトもHTMLInputElement型の変数に格納することができます。また、そのインスタンスもテキストボックスのコントロールオブジェクトと同様、Valueプロパティにて値をセットしたり、参照することができます。

> **この節のまとめ**
> ・パスワード入力コントロールのHTMLタグは、type属性が"password"
> ・パスワード入力コントロールも、テキストボックスコントロールと同様、getElementById()メソッドでオブジェクトを取得
> ・パスワード入力コントロールも、Valueプロパティで値のセットや参照が可能

3-4
チェックボックス操作

今度は、チェックボックスをVBAで操作します。チェックボックスは、たとえばWebサイトの「利用規約に同意する」のチェックにレ点を付けるときなどに使われるコントロールです。

チェックボックスの用途

　チェックボックスは、たとえばWebサイトにアカウントを開設する際、「利用規約に同意する」のチェックにレ点を付けて利用者の意思を再確認する場合など、レ点を入れて選択か未選択か、「はい」か「いいえ」かの2つに1つを選択するときに使用するコントロールです。

092　第3章　Excel VBAでHTMLタグを制御する

サンプルプログラムとその解説

本節では、チェックボックスをVBAで操作する方法を説明します。
チェックボックスも、個々のコントロールに対してid属性を設けることができます。

HTMLサンプル03
http://www.ikachi.org/sample/sample03.html

このWebページのHTMLは、次のとおりです。

```
<html>
  <head>
    <title>HTMLサンプル03</title>
  </head>
  <body>
    <input type="checkbox" id="CheckBox1" value="小学生">小学生
    <input type="checkbox" id="CheckBox2" value="中学生">中学生
    <input type="checkbox" id="CheckBox3" value="高校生">高校生
    <input type="checkbox" id="CheckBox4" value="大学生">大学生
    <input type="checkbox" id="CheckBox5" value="社会人">社会人
```

```
        </body>
</html>
```

チェックボックスは、1つのコントロールに対し、

・チェックが入っている
・チェックが入っていない

の2種類の状態を表現できます。個々のチェックボックスは、他のチェックボックスのチェック状態の影響を受けません。このサンプルページにおいて、「小学生」にチェックが入っているかどうかは、「中学生」のチェック状態には影響を与えません。「小学生」にチェックが入っていようがいまいが、「中学生」にチェックを入れることができますし、「中学生」からチェックを外すことができます。次章で説明する「ラジオボタン」とのコントロールの挙動との違いに注意してください。

では、サンプルプログラムを実行してみましょう。サンプルプログラムは、次のとおりです。

```
Option Explicit

'---------------------------------------
' Win32 API定義
'---------------------------------------
Private Declare Sub Sleep Lib "kernel32" (ByVal
dwMilliseconds As Long)


'************************************************************
' <input type="checkbox">を操作します
'************************************************************
Sub チェックボックス操作()
    'Internet ExplorerのCOMをインスタンス化します
    Dim ie As New InternetExplorer
```

```
    'サンプルHTMLを開いているInternet Explorerのインスタンスを取得します
    Set ie = GetIEObject("http://www.ikachi.org/sample/sample03.html")
    If (ie.LocationURL = "") Then
        MsgBox "サンプルとなるWebページを開いてください。"
        Exit Sub
    End If

    'Check1(小学生)のidを指定します
    Dim chk1 As HTMLInputElement
    Set chk1 = ie.document.getElementById("CheckBox1")

    'Check2(中学生)のidを指定します
    Dim chk2 As HTMLInputElement
    Set chk2 = ie.document.getElementById("CheckBox2")

    'Check3(高校生)のidを指定します
    Dim chk3 As HTMLInputElement
    Set chk3 = ie.document.getElementById("CheckBox3")

    'Check4(大学生)のidを指定します
    Dim chk4 As HTMLInputElement
    Set chk4 = ie.document.getElementById("CheckBox4")

    'Check5(社会人)のidを指定します
    Dim chk5 As HTMLInputElement
    Set chk5 = ie.document.getElementById("CheckBox5")

    'チェック状態を指定します
    '(CheckedプロパティにTrueを指定するとチェックを入れ、Falseを指定するとチェックを外します)
    chk1.Checked = True
```

```
        chk2.Checked = False
        chk3.Checked = True
        chk4.Checked = False
        chk5.Checked = True
End Sub
```

　これを実行すると、サンプルページは次のように、「小学生」「高校生」「社会人」にチェックが付き、「中学生」「大学生」にはチェックが付いていない状態になります。

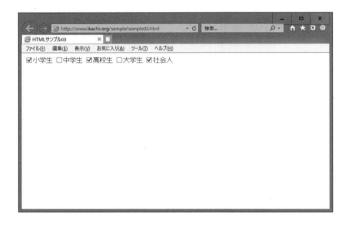

　では、サンプルプログラムを解説します。

　プログラムの冒頭部分は、前節までと同様のため、説明を省略します。さて、チェックボックスのコントロールオブジェクトは、前節までと同様、HTMLInputElement型の変数に格納することができます。また前述のとおり、チェックボックスにはId属性を指定することができますので、getElementById()メソッドで指定したidに該当するコントロールオブジェクトとして取得することが可能です。

```
    'Check1（小学生）のidを指定します
    Dim chk1 As HTMLInputElement
    Set chk1 = ie.document.getElementById("CheckBox1")
```

　チェックボックスにチェックを入れたり外したりする場合は、Checkedプロパティ

を使用します。

　このプロパティに対し論理型の真（True）か偽（False）を指定することで、チェック状態を切り替えることができます。チェックを入れる場合はTrue、チェックを外す場合はFalseを当該プロパティにセットします。

```
'チェック状態を指定します
'（CheckedプロパティにTrueを指定するとチェックを入れ、Falseを指定する
とチェックを外します）
    chk1.Checked = True
    chk2.Checked = False
```

この節のまとめ

- チェックボックスコントロールのHTMLタグは、type属性が"checkbox"
- チェックボックスコントロールも、getElementById()メソッドでオブジェクトを取得
- チェックボックスコントロールのCheckedプロパティにTrueをセットするとチェックが入り、Falseをセットするとチェックが外れる．

3-5 ラジオボタン操作

ラジオボタンは、いくつかの選択項目のなかから1つだけを選択するときに使用するコントロールです。たとえば、アンケート欄にて、あなたの年代（10代・20代・30代・40代・50代・60代以上）のいずれかを入力するようなWebページに使用されます。

ラジオボタンの用途

　ラジオボタン（Radio Button）は、オプションボタン（Option Button）とも言われます。下の画像は、GoogleのG SuiteのWebページです。会社の規模を確認するためのチェック欄には、1つだけチェックを付けることができます。2つめのチェックを付けようとすると、最初に付けたチェックは自動的に外れます。

サンプルプログラムとその解説

　ラジオボタンは前節で解説したチェックボックスと似ていますが、ラジオボタンの場合、1つのグループで選択可能な項目は1つだけという点がチェックボックスとは違います。

HTMLサンプル04

http://www.ikachi.org/sample/sample04.html

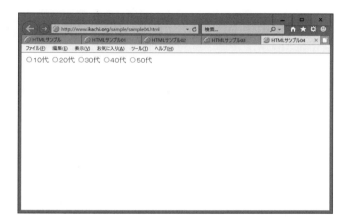

　たとえば、上記のサンプルページにおいて、「10代」と「20代」に同時にチェックを入れることはできません。チェックを入れることができるのは、いずれか1つだけです。
　サイトの利用規約に同意するかしないかを選択するWebページの場合、チェックボックスであれば「利用規約に同意する」というチェック項目があり、それにチェックを入れさせることで同意の意思を確認します。ラジオボタンであれば「同意する」と「同意しない」のチェック項目があり、「同意する」にチェックを入れさせることで同意の意思を確認します。
　さて、このWebページのHTMLは、次のとおりです。

```html
<html>
  <head>
    <title>HTMLサンプル04</title>
  </head>
  <body>
    <input type="radio" name="Radio1" value="１０代">１０代
    <input type="radio" name="Radio1" value="２０代">２０代
    <input type="radio" name="Radio1" value="３０代">３０代
    <input type="radio" name="Radio1" value="４０代">４０代
    <input type="radio" name="Radio1" value="５０代">５０代
  </body>
</html>
```

では、サンプルプログラムを動かしてみましょう。サンプルプログラムは、次のとおりです。

```vb
Option Explicit

'---------------------------------------
' Win32 API定義
'---------------------------------------
Private Declare Sub Sleep Lib "kernel32" (ByVal dwMilliseconds As Long)


'***********************************************************
' <input type="radio">を操作します
'***********************************************************
Sub ラジオボタン操作()
    'Internet ExplorerのCOMをインスタンス化します
    Dim ie As New InternetExplorer

    'サンプルHTMLを開いているInternet Explorerのインスタンスを取得します
```

```
    Set ie = GetIEObject("http://www.ikachi.org/sample/sample04.html")
    If (ie.LocationURL = "") Then
        MsgBox "サンプルとなるWebページを開いてください。"
        Exit Sub
    End If

    '操作するラジオボタンのnameを指定します
    '-------------------------------------------------------
    'getElementsByName()は、タグに付けた名前でオブジェクトを取得します
    'getElementById()と違い、Elemetの複数形であるElementsとなっているように、
    '複数のオブジェクトが返ってくる可能性もあります
    'ラジオボタンの場合は、大概の場合において、複数のオブジェクトが返ってくるでしょう
    Dim radObj As HTMLInputElement
    For Each radObj In ie.document.getElementsByName("Radio1")
        '"４０代"にチェックを入れます
        If (radObj.Value = "４０代") Then
            radObj.Checked = True
            Exit For
        End If
    Next
End Sub
```

このサンプルプログラムを実行すると、次のようになります。

　今回のサンプルプログラムでは、getElementById()メソッドは利用していません。type="radio"の場合でもId属性を割り振れないわけではないのですが、上記のサンプルのように、Id属性のかわりにName属性を指定する場合が多いようです。

　Name属性を指定してコントロールのオブジェクトを取得する場合は、getElementById()メソッド同様、Internet ExplorerのインスタンスのDocumentクラスにて、getElementsByName()メソッドを実行します。また、このメソッドのパラメーターとして、取得したいコントロールオブジェクトのNameを文字列で指定します。

```
    '操作するラジオボタンのnameを指定します
    '-------------------------------------------------------
    'getElementsByName()は、タグに付けた名前でオブジェクトを取得します
    'getElementById()と違い、Elemetの複数形であるElementsとなっているように、
    '複数のオブジェクトが返ってくる可能性もあります
    'ラジオボタンの場合は、大概の場合において、複数のオブジェクトが返ってくるでしょう
    Dim radObj As HTMLInputElement
    For Each radObj In ie.document.getElementsByName("Radio1")
        '"４０代"にチェックを入れます
        If (radObj.Value = "４０代") Then
            radObj.Checked = True
```

```
        Exit For
    End If
Next
```

さて、サンプルプログラム内にもコメントとして注意書きを付記していますが、このgetElementsByName()メソッド、よくみると"Element"のあとに"s"がついており、すなわち複数形になっているのを確認することができます。つまり、getElementsByName()メソッドは、単一のコントロールオブジェクトのみを返すgetElementById()メソッドと違い、複数のコントロールオブジェクトが返ってくることが想定されています。

ラジオボタンのコントロールオブジェクト自体は、前節までと同様、HTMLInputElement型に格納できます。

まずは、ラジオボタンのコントロールオブジェクトを格納するための変数「radObj」を定義し、その後にFor Eachステートメントによって、getElementsByName()メソッドの戻りであるコントロールオブジェクトを1件ずつ変数「radObj」に格納しています。

For Eachステートメントの記述方法に馴染みのない方のためにかんたんに説明すると、For Eachはコレクションのなかに存在するオブジェクトを1つずつ参照しながら、すべてのコレクションを参照するまで処理を繰り返すときに使用します。

```
For Each [オブジェクト] In [コレクション]

    [繰り返し行う処理]

Next
```

むろん、この場合のコレクションは、getElementsByName()メソッドによって取得した複数のコントロールオブジェクトであり、そのコントロールオブジェクトを1つずつ参照しながら、そのインスタンスを変数「radObj」に格納しています。

ラジオボタンコントロールは、Valueプロパティを参照することにより、項目の内容を取得することができます。つまり、上記サンプルプログラムにおいて、radObjのValueプロパティを参照することにより、「１０代」「２０代」「３０代」……といっ

た文字データを取得することができます。

　For EachステートメントによってラジオボタンのValueプロパティを確認しながら、「４０代」のラジオボタンを探します。「４０代」のラジオボタンが見つかった場合、そのインスタンスのCheckedプロパティにTrueをセットすることで、当該コントロールにチェックを入れています。またチェックボックスコントロールと同様、Falseを指定することで、チェックを外すこともできます。

　チェックを入れたら、Exit Forステートメントを実行し、繰り返し処理を抜けます。

> **この節のまとめ**
>
> ・ラジオボタンコントロールのHTMLタグは、type属性が"radio"
> ・ラジオボタンコントロールは、getElementsByName()メソッドでオブジェクトを取得
> ・ラジオボタンコントロールは、Valueプロパティを参照することで項目名を取得することができる
> ・ラジオボタンコントロールのCheckedプロパティにTrueをセットするとチェックが入り、Falseをセットするとチェックが外れる

3-6
セレクトボックス操作

セレクトボックスは、VBAプログラミングでFormオブジェクトを使ったことがある人なら、コンボボックスといった方が馴染みがあるかもしれません。複数の選択肢のなかから1つだけを選択させる場合に使用します。その意味では、前節のラジオボタンと同じ使われ方といえます。

セレクトボックスの用途

　セレクトボックスは、前節のラジオボタンと同様、複数の選択肢のなかから1つをユーザーに選択させる場合に使用します。
　VBAプログラミングでFormオブジェクトを使ったことがある人なら、またVisual BasicやC#等のプログラミング言語を使った経験があれば、　コンボボックス（ComboBox）といった方がわかりやすいかもしれません。また、プルダウンメニューと呼ばれることもあります。

サンプルプログラムとその解説

さて、まずはサンプルとなるWebページを見てみましょう。

HTMLサンプル05

http://www.ikachi.org/sample/sample05.html

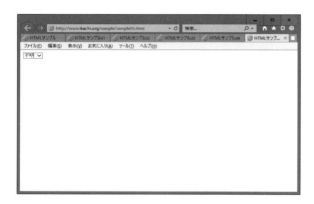

サンプルWebページのセレクトボックスで選択可能な値は、上から順に「不明」「男性」「女性」の3つです。

いずれか1つを選んだ場合、他の値は選択できないという意味で、ラジオボタンと同じ使われ方です。ラジオボタンを使用するかセレクトボックスを使用するかは、Webデザインの好みで分かれるところではありますが、通常は、たとえば出身地の県名を選択する場合など選択可能な値が多い場合にセレクトボックスが用いられるようです。

さて、このサンプルとなるWebページのHTMLは、次のとおりです。

```
<html>
  <head>
    <title>HTMLサンプル05</title>
  </head>
  <body>
```

```html
    <select id="Combo1">
      <option value="不明">不明</option>
      <option value="男性">男性</option>
      <option value="女性">女性</option>
    </select>
  </body>
</html>
```

　本節で紹介するサンプルプログラムを実行すると、セレクトボックスの値が自動的に"男性"に変わります。

```
Option Explicit

'----------------------------------------
' Win32 API定義
'----------------------------------------
Private Declare Sub Sleep Lib "kernel32" (ByVal dwMilliseconds As Long)


'*************************************************************
' <select>を操作します
'*************************************************************
Sub セレクトボックス操作()
    'Internet ExplorerのCOMをインスタンス化します
    Dim ie As New InternetExplorer
    
    'サンプルHTMLを開いているInternet Explorerのインスタンスを取得します
    Set ie = GetIEObject("http://www.ikachi.org/sample/sample05.html")
    If (ie.LocationURL = "") Then
        MsgBox "サンプルとなるWebページを開いてください。"
        Exit Sub
```

3-6　セレクトボックス操作

```
    End If

    '操作するセレクトボックスのidを指定します
    Dim cboObj As HTMLSelectElement
    Set cboObj = ie.document.getElementById("Combo1")

    'セレクトボックスの値を変更します
    cboObj.Value = "男性"
End Sub
```

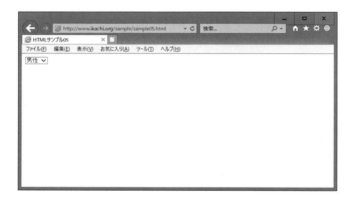

　今回のサンプルプログラムも、getElementById()メソッドによるコントロールオブジェクトの指定を行います。
　ただ、その戻り値となるコントロールオブジェクトは、HTMLSelectElementというデータ型になります。そのため、getElementById()メソッドの戻り値を格納する変数は、HTMLSelectElement型で定義します。

```
'操作するセレクトボックスのidを指定します
Dim cboObj As HTMLSelectElement
Set cboObj = ie.document.getElementById("Combo1")
```

　セレクトボックスの場合、option value属性によって内部的に保持する値を指定することができます。

VBA上では、セレクトボックスのコントロールオブジェクトのValueプロパティに対してHTMLのoption value属性の値をセットすることで、該当する値を表示することができます。

```
'セレクトボックスの値を変更します
cboObj.Value = "男性"
```

　このサンプルプログラムの場合、セレクトボックスのコントロールオブジェクトのValueプロパティに対し、"男性"という文字列をセットすることで、Webページ上のセレクトボックスに"男性"という文字を表示しています。
　もちろん、WebページのHTMLにおいて、option value属性で"1"が「男性」となっている場合、セレクトボックスのコントロールオブジェクトのValueプロパティに"1"をセットすることで、Webページ上のセレクトボックスに"男性"という文字を表示することができます。

> **この節のまとめ**
> ・セレクトボックスコントロールのHTMLタグは、<select>
> ・セレクトボックスコントロールは、getElementById()メソッドでオブジェクトを取得
> ・セレクトボックスコントロールのoption value属性に指定されている値は、Excel VBAから当該コントロールのインスタンスよりValueプロパティで参照したり設定することが可能

3-7
テキストエリア操作

テキストエリアのHTMLタグは、<textarea>です。テキストエリアコントロールは、複数行の文字入力が可能なテキストボックスです。たとえば、商品のサポートページにてトラブルの内容を入力するときなどに使用します。

テキストエリアの用途

　テキストボックスは、文字データを1行分入力する際に使用します。これに対し、テキストエリアは、複数行の文字データを入力する際に使用します。下の画像は、テキストボックスの説明ページと同じものです。この画像において、「お問い合わせ内容」欄がテキストエリアに該当します。

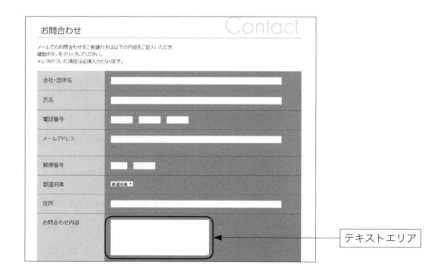

サンプルプログラムとその解説

　Excel VBAのTextBoxコントロールや、Visual Basic／C#のTextBoxコントロールの場合、MultiLineプロパティをTrueにすることで、複数行入力が可能なテキスト欄を作成することができます。

　HTMLの場合、1行入力のテキストボックスコントロール（INPUTタグのType属性が"text"）と、複数行入力のテキストエリアコントロールとは、コントロール自体が別々になります。

　では、サンプルのWebページをご覧ください。テキストエリアコントロールが1つだけ設置されています。

　　　HTMLサンプル06
　　　http://www.ikachi.org/sample/sample06.html

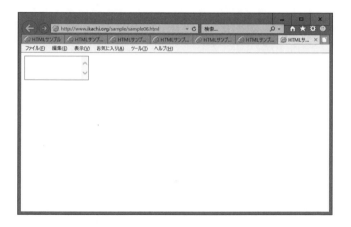

　このWebページのHTMLは、次のとおりです。

```
<html>
  <head>
    <title>HTMLサンプル06</title>
  </head>
```

```
  <body>
    <textarea id="TextArea1" rows="4"></textarea>
  </body>
</html>
```

サンプルプログラムでは、このWebページのテキストエリアに文字データを送り込みます。テキストエリアは複数行の入力が可能なコントロールですので、送り込む文字データも改行付きにしてみましょう。

サンプルプログラムは、次のとおりです。

```
Option Explicit

'----------------------------------------
' Win32 API定義
'----------------------------------------
Private Declare Sub Sleep Lib "kernel32" (ByVal
dwMilliseconds As Long)


'************************************************************
' <textarea>を操作します
'************************************************************
Sub テキストエリア操作()
    'Internet ExplorerのCOMをインスタンス化します
    Dim ie As New InternetExplorer
    
    'サンプルHTMLを開いているInternet Explorerのインスタンスを取得します
    Set ie = GetIEObject("http://www.ikachi.org/sample/
sample06.html")
    If (ie.LocationURL = "") Then
        MsgBox "サンプルとなるWebページを開いてください。"
        Exit Sub
    End If
```

```
    '操作するテキストエリアのidを指定します
    Dim txtObj As HTMLTextAreaElement
    Set txtObj = ie.document.getElementById("TextArea1")

    'テキストエリアに値を代入します
    txtObj.Value = "本日は晴天なり。" & vbCrLf & "明日は雨かもしれま
せん。"
End Sub
```

　このサンプルプログラムを実行すると、次のような改行を含んだ文字データがテキストエリアに反映されます。

　　　本日は晴天なり。
　　　明日は雨かもしれません。

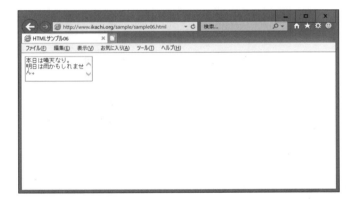

　テキストエリアのコントロールオブジェクトは、getElementById()メソッドで取得します。テキストエリアの場合、戻り値はHTMLTextAreaElement型で取得することができます。

```
    '操作するテキストエリアのidを指定します
    Dim txtObj As HTMLTextAreaElement
```

3-7　テキストエリア操作　**113**

```
Set txtObj = ie.document.getElementById("TextArea1")
```

テキストエリアのコントロールオブジェクトは、Valueプロパティにて表示されている文字データを取得したり、改変することができます。

```
'テキストエリアに値を代入します
txtObj.Value = "本日は晴天なり。" & vbCrLf & "明日は雨かもしれません。"
```

改行は、改行コード「vbCrLf」を挿入しています。

vbCrLfは、VBAのシステム定数で、改行コードの「キャリッジリターン・ラインフィールド」を意味します。「キャリッジリターン・ラインフィールド」は、「キャリッジリターン」(システム定数：vbCr) と「ラインフィールド」(システム定数：vbLf) という2つの単語から成り立っています。「キャリッジリターン」は、カーソルを左端の位置に戻すことをいいます。「ラインフィールド」は、カーソルを新しい行に移動することをいいます。つまり「キャリッジリターン・ラインフィールド」は、カーソルを左端の位置に戻して新しい行に移動することをいいます。

もともと、タイプライターが由来でこの3つの改行コードが誕生したのですが、プログラマーにとって困ったことに、OSの種類によって主要な改行コードが異なっています。たとえば、WindowsOSの場合は「キャリッジリターン・ラインフィールド」、UNIX系OSの場合は「ラインフィールド」、MacOSの場合は「キャリッジリターン」が主要な改行コードです。

ただし、WindowsOSのExcelであっても、セル内で「Alt」＋「Enter」キーを押下することで挿入した改行した場合の改行コードは、「vbLf」となります。

この節のまとめ

- テキストエリアコントロールのHTMLタグは、<textarea>
- テキストエリアコントロールは、getElementById()メソッドでオブジェクトを取得
- テキストエリアコントロールのValueプロパティを参照／設定することで、テキストエリアの内容を読み込んだり、文字データを指定することができる

3-8
ハイパーリンク操作

ハイパーリンクは、HTMLを特徴づけるもっとも重要なタグといえます。下線が引かれた青色の文字を見ると、その文字にリンクが張られていることを誰もがすぐに認識することでしょう。

ハイパーリンクの概要

　ハイパーリンクとは、まさにHTMLを特徴づける機能です。HTMLは、Hyper Text Markup Languageの略で、HTMLドキュメント同士は関連するHTMLドキュメントに対し、ハイパーリンクによってお互いのページをリンク付けし合います。

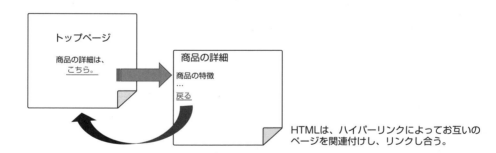

サンプルプログラムとその解説

　前述のとおり、HTMLはハイパーリンクによってドキュメント同士がリンクすることにその特徴があります。

Excel VBAからハイパーリンクのタグを認識し、リンク先のURLから新たなWebページを検索、解析したり、ドキュメント等のファイルをダウンロードすることによって、クローリングがなされます。
　まずは、本節で使用するサンプルページをご覧ください。

　　HTMLサンプル07
　　http://www.ikachi.org/sample/sample07.html

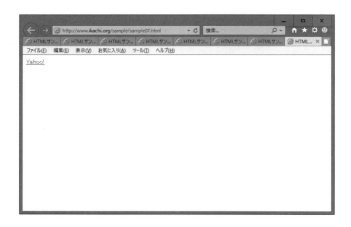

　このWebページにて、"Yahoo!"と書かれた文字列をクリックすると、Yahoo!のWebページにリンクすることは容易に想像できます。
　さて、このWebページのHTMLは、次のとおりです。

```
<html>
  <head>
    <title>HTMLサンプル07</title>
  </head>
  <body>
    <a href="https://www.yahoo.co.jp/" target="_blank">Yahoo!</a>
  </body>
</html>
```

想像どおり、ハイパーリンクを実装するAタグのリンク先は、Yahoo! JAPANのポータルサイトの"https://www.yahoo.co.jp/"であることが確認できます。
　では、VBAでこのハイパーリンクをクリックする処理を実装してみましょう。サンプルプログラムは、次のとおりです。

```vb
Option Explicit

'---------------------------------------
' Win32 API定義
'---------------------------------------
Private Declare Sub Sleep Lib "kernel32" (ByVal dwMilliseconds As Long)


'**************************************************************
' <a href="">を操作します
'**************************************************************
Sub ハイパーリンク操作()
    'Internet ExplorerのCOMをインスタンス化します
    Dim ie As New InternetExplorer
    
    'サンプルHTMLを開いているInternet Explorerのインスタンスを取得します
    Set ie = GetIEObject("http://www.ikachi.org/sample/sample07.html")
    If (ie.LocationURL = "") Then
        MsgBox "サンプルとなるWebページを開いてください。"
        Exit Sub
    End If
    
    '操作するハイパーリンクのタグを指定します
    '---------------------------------------------------------------
    'getElementsByTagName()は、タグ自体の名前でオブジェクトを取得します
    'getElementsByName()と同様、複数のオブジェクトが返ってくる可能性もあ
```

3-8　ハイパーリンク操作

ります
```
    Dim ancObj As HTMLAnchorElement
    For Each ancObj In ie.document.getElementsByTagName("A")
        '"Yahoo!"の文字列のハイパーリンクを検索します
        If (ancObj.innerText = "Yahoo!") Then
            '当該ハイパーリンクを見つけたらクリックします
            ancObj.Click
            Exit For
        End If
    Next

    '※
    'Internet Explorerにて、「ポップアップ ブロックを有効にする」に設定している場合、
    'ハイパーリンク先のURLを開くことができません。
    '「ポップアップ ブロックを無効にする」か、ハイパーリンク元のURLを「許可されたサイト」
    'に指定する必要があります

End Sub
```

　このサンプルプログラムを実行すると、ハイパーリンクが自動的にクリックされて、Yahoo! JAPANのポータルサイトがInternet Explorerで表示されます。

　うまくいかなかった場合は、ポップアップブロックによってリンク先の表示がブロックされた可能性があります。その場合、次のようにポップアップがブロックされた旨のメッセージが表示されます。

　このようなメッセージが表示されたら、「一度のみ許可」もしくは「このサイトのオプション」から「常に信頼する」を選択することで、ポップアップブロックを阻止することができます。
　また、Internet Explorerの設定にて、ポップアップブロック自体を無効とするか、もしくはikachi.orgのアカウントを信頼済みサイトとして登録することでもポップ

3-8　ハイパーリンク操作　**119**

アップブロックを阻止することができます。

ただし、ポップアップブロックは、そもそもWebページから実行されたJavaScriptなどのプログラムによって、意図しないWebページが表示されてしまうことを防ぐ意味があります。ポップアップブロックの設定を変更する場合は、そのことを十分に留意しておくべきでしょう。

さて、ハイパーリンクを実装するAタグのオブジェクトは、HTMLAnchorElement型で定義することができます。Aタグは、Internet Explorerのdocumentクラスにて、getElementsByTagName()メソッドで取得します。

このgetElementsByTagName()メソッドは、引数にタグ名を指定することで、該当するタグのコントロールオブジェクトを取得できます。当然、1つのHTMLドキュメントに同一のタグが複数存在する場合がほとんどですので、このメソッドの戻り値も、複数のオブジェクトを返すコレクション型となります。

```
Dim ancObj As HTMLAnchorElement
For Each ancObj In ie.document.getElementsByTagName("A")
        (繰り返し処理)
Next
```

サンプルプログラムでは、getElementsByTagName()メソッドにAタグを指定することで、ドキュメント内のすべてのAタグを検索し、そのAタグのテキスト部分、つまりクリック可能な文字列（下線が引かれた青色の文字列）部分が"Yahoo!"である場合、そのオブジェクトのクリックイベントを発生させています。

ハイパーリンクのオブジェクトは、InnerTextプロパティを参照することで、ハイパーリンクが設定された文字列部分が取得できます。

```
If (ancObj.innerText = "Yahoo!") Then
    '当該ハイパーリンクを見つけたらクリックします
    ancObj.Click
    Exit For
End If
```

クローリングの場合、このようにAタグを解析することで、Internet Explorerでさ

らに次のリンク先を開き、Webページの解析を繰り返すことでクローリングを実装します。

> **この節のまとめ**
> - ハイパーリンクのHTMLタグは、<a>
> - ハイパーリンクは、getElementsByTagName()メソッドでオブジェクトのコレクションを取得する
> - Aタグのオブジェクトにて、innerTextプロパティを参照することで、リンクが設定された文字列を取得する

3-9
ボタン操作

ボタン・コントロールは、クリックさせることによってあらかじめ用意した処理を実行するためのコントロールです。HTMLには、大きく分けて2つのボタンが存在します。1つは「通常」のボタン、もう1つはSubmitボタンです。本節では「通常」のボタンについて、次節ではSubmitボタンについて、説明します。

ボタン・コントロールについて

　ボタン・コントロールは、たとえば入力された郵便番号に該当する住所を、「住所検索」ボタンをクリックすることで、自動的にテキストボックスに反映させるときなどに使用されます。

　冒頭でも述べましたが、ボタン・コントロールには2つの種類が存在します。1つは、本節で説明する「通常」のボタンです。もう1つは、次節で説明するSubmitボタンです。その違いは、使い方にもよるのですが、通常のボタンがおおむね1つのHTML内で完結するようなパターンであるのに対し、Submitボタンはページの遷移が伴うケースが一般的です。Submitボタンの例としては、メール送信フォームの「送信」ボタンを挙げることができます。メール送信フォームに必要事項を入力して「送信」ボタンをクリックすると、「メールを送信しました。」と書かれたWebページに遷移します。このときにクリックした「送信」ボタンは、たいていSubmitボタンです。

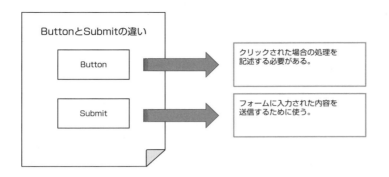

サンプルプログラムとその解説

　さて、本節では「通常」のボタン・コントロールをVBAで操作する方法について、説明します。本節で使用するサンプルページは、以下のURLです。

　　HTMLサンプル08
　　http://www.ikachi.org/sample/sample08.html

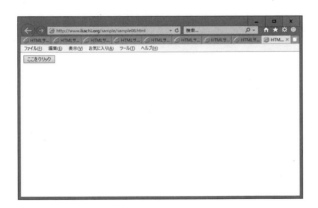

　このWebページには、「ここをクリック」と書かれたボタンが1つだけあります。これをクリックすると、「ボタンがクリックされました。」というメッセージが表示されます。

このWebページのHTMLは、次のとおりです。

```
<html>
  <head>
    <title>HTMLサンプル08</title>
    <script type="text/javascript">
function Button1_Click()
{
    window.alert("ボタンがクリックされました。");
}
    </script>
  </head>
```

　ボタン・コントロールは、前節で説明したテキストボックスやラジオボタンなどと同様、INPUTタグで生成できます。
　ボタン・コントロールの場合、TYPE属性は"button"です。value属性には、ボタンの表面に表示される文字列を指定します。onclickは、当該コントロールをクリックしたときに発生するイベントです。

```
Option Explicit


'----------------------------------------
' Win32 API定義
```

```vb
'----------------------------------------
Private Declare Sub Sleep Lib "kernel32" (ByVal
dwMilliseconds As Long)


'*************************************************************
' <input type="button">を操作します
'*************************************************************
Sub ボタン操作()
    'Internet ExplorerのCOMをインスタンス化します
    Dim ie As New InternetExplorer
    
    'サンプルHTMLを開いているInternet Explorerのインスタンスを取得します
    Set ie = GetIEObject("http://www.ikachi.org/sample/sample08.html")
    If (ie.LocationURL = "") Then
        MsgBox "サンプルとなるWebページを開いてください。"
        Exit Sub
    End If
    
    '操作するボタンのidを指定します
    Dim btnObj As HTMLInputElement
    Set btnObj = ie.document.getElementById("Button1")
    
    'ボタンのクリックイベントを実行します
    btnObj.Click
End Sub
```

　このサンプルプログラムを実行すると、「ここをクリック」ボタンをクリックした時と同じ挙動となります。

　「通常」のボタンは、<input>タグで生成されていることは前述のとおりです。そのため、HTMLInputElement型の変数にオブジェクトを格納できます。オブジェクトの取得は、getElementById()メソッドで取得することができます。

実際にクリックイベントを発生させる方法は、getElementById()メソッドで取得したオブジェクトに対し、Click()イベントを実行します。

```
'ボタンのクリックイベントを実行します
btnObj.Click
```

ボタン・コントロールのオブジェクトにてClick()イベントを実行すると、<input>タグに設定されているOnClick()イベントが実行されます。

> **この節のまとめ**
> - 「通常」のボタン・コントロールのHTMLタグは、<input>タグのtype属性が"button"
> - ボタン・コントロールは、getElementsById()メソッドでオブジェクトのインスタンスを取得する
> - ボタン・コントロールのオブジェクトのClick()イベントを実行することで、HTMLのボタン・コントロールのOnClick()イベントが実行される

3-10
Submitボタン操作

Submitボタン・コントロールは、クリックさせることによってページの遷移を伴う処理を実行するために使用されるコントロールです。たとえば、メール送信フォームの「送信」ボタンなどに使用されます。

Submitボタンについて

　Submitボタンは、ページの遷移を伴う処理を実行するために使用されるのが一般的です。見た目は、前節で説明した「通常」のボタン・コントロールと同じですが、ボタンをクリックしたときの挙動が異なります。

　「通常」のボタンは、INPUTタグのTYPE属性を"BUTTON"にすることで実装します。本節で説明するSubmitボタンは、「通常」のボタンと同様にINPUTタグを使用しますが、TYPE属性は"SUBMIT"です。

　「通常」のボタンは、onclick()イベントをタグ内に追記し、そのイベントが発生した場合に実行する処理をJavaScriptなどのスクリプト言語によって実装します。

　Submitボタンの場合は、ボタンをクリックすることで、そのSubmitボタンが存在するFORMタグのPOSTイベントを実行します。

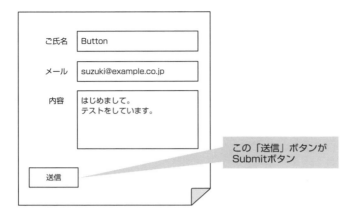

サンプルプログラムとその解説

サンプルプログラムを見てみましょう。

HTMLサンプル09

http://www.ikachi.org/sample/sample09.html

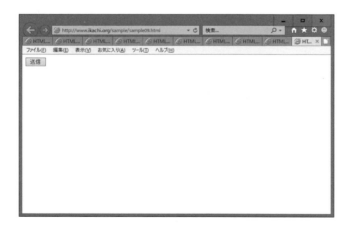

このWebページには、「送信」と書かれたボタンが1つだけあります。これをクリッ

クすると、メールの設定がされているパソコン上において、次の初期値が代入された送信メールフォームが起動します。

宛先：hoge@example.com
件名：テストメール
本文：これは、テストです。

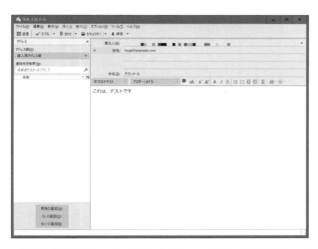

（著者の環境は、メーラーにThunderBirdを使用しています）

また、Internet Explorerのバージョンの違いにより、次のようなメッセージが表示される場合があります。

このようなメッセージが表示された場合は、「OK」ボタンをクリックします。
さて、このWebページのHTMLは、次のとおりです。

```html
<html>
  <head>
    <title>HTMLサンプル09</title>
  </head>
  <body>
  <form name="Form1" method="post" action="mailto:hoge@example.com?Subject=テストメール&body=これは、テストです">
      <input type="submit" value="送信">
  </form>
  </body>
</html>
```

　では、Excel VBAのサンプルプログラムを見てみましょう。サンプルプログラムを実行すると、表示されているサンプルWebページの「送信」ボタンが、自動的にクリックされます。

```vb
Option Explicit

'----------------------------------------
' Win32 API定義
'----------------------------------------
Private Declare Sub Sleep Lib "kernel32" (ByVal dwMilliseconds As Long)


'**************************************************************
' <input type="submit">を操作します
'**************************************************************
Sub ボタン操作()
    'Internet ExplorerのCOMをインスタンス化します
    Dim ie As New InternetExplorer
    
    'サンプルHTMLを開いているInternet Explorerのインスタンスを取得します
```

```
    Set ie = GetIEObject("http://www.ikachi.org/sample/
sample09.html")
    If (ie.LocationURL = "") Then
        MsgBox "サンプルとなるWebページを開いてください。"
        Exit Sub
    End If


    'Submitボタンが存在するFormを指定します
    '------------------------------------------------------------
    'Submitボタンをクリックすると、そのSubmitボタンが貼り付いているFormの
    'methodプロパティに記述されているイベントが実行されます
    'このサンプルの場合ですと、methodプロパティに記述されているPOSTメソッド
にて
    'ACTIONプロパティに記述されている行動が実行されます
    Dim f As HTMLFormElement
    Set f = ie.document.forms("Form1")

    'フォームのSubmit()イベントを実行します
    f.submit
End Sub
```

　Submitボタンは、クリックすることで、FormコントロールのSubmitメソッドを呼び出します。つまり、サンプルのWebページでいえば、FORMタグに記述されているmethod="POST"が実行され、FormコントロールのAction属性に記述されている内容が呼び出されます。

　サンプルのWebページでは、このAction属性にて指定した内容でメーラーを起動（mailto）することが記述されています。

　Formコントロールの取得は、DocumentクラスのFormsプロパティにFormのコントロール名を指定することで可能です。Formコントロールのオブジェクトは、HTMLFormElement型で定義した変数に格納することができます。

　取得したFormコントロールのオブジェクトにて、Submitメソッドを実行することで、Submitボタンがクリックされた時と同じ処理を実行することができます。

この節のまとめ

・Submitボタン・コントロールのHTMLタグは、INPUTタグのTYPE属性が"SUBMIT"
・Submitボタンは、FormコントロールのSubmitメソッドで実行する
・Formコントロールの取得は、DocumentクラスのFormsプロパティにFormのコントロール名を指定することで可能

COLUMN

「これがあるとエラーが出る」

　以前、とある証券アナリストが、見よう見まねで作ったExcel VBAが動かない、と助けを求めてきました。

　ソースコードを見てみると、先頭に「Option Explicit」の記述がないことに気づきました。私はまず真っ先にそのソースコードの先頭に「Option Explicit」の記述を追加しました。

　「Option Explicit」の記述は、「変数の宣言を強制すること」。つまり、宣言されていない変数は使えないということです。変数名の綴り間違いは、すぐにコンパイルエラーとしてキャッチできます。

　間違った綴りや不適切な変数を使っていては、思ったような結果にならないのは当たり前です。エラーを見ると、案の定、ただの綴り間違いだったことが発覚しました。

　さて、後日、そのプログラムの進捗を確認しにいったところ、また思ったような結果にならなくなったとのこと。

　ソースコードを確認すると、またしても先頭の「Option Explicit」の記述が削除されていました。なぜそんなことをするのかを聞いてみたら、「これがあるとエラーが出るんだ」。

3-11
テーブル操作

テーブル（table）タグは、HTMLで2次元表を作成するためタグです。行と列で構成されるExcel表を想像するとわかりやすいでしょう。HTMLにて指定した行と列に該当する値、すなわちExcelでいうところの「セル」に対し、そこに表示されている内容を取得する方法を見てみましょう。

テーブルタグについて

　テーブルタグは、HTMLに2次元の表を表示するためのタグです。テーブルタグを入れ子にすることで、2次元表の中にさらに2次元表を作り出すこともできます。

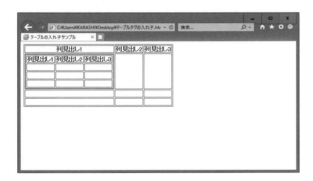

　インターネットが普及し始めたころは、Webページのデザインのために、よくこのテーブルタグが用いられていました。最近は、テーブルタグによるデザインはメンテナンスがしにくいため、CSS（Cascading Style Sheets：カスーケーディング・スタイル・シート）によるデザインに取って代わられています。

サンプルプログラムとその解説

では、まずはサンプルとなるWebページを見てみましょう。

  HTMLサンプル10

  http://www.ikachi.org/sample/sample10.html

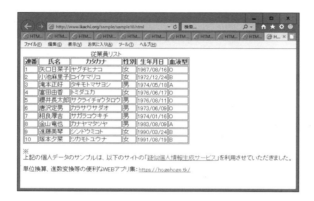

ある会社で働いている従業員のリストを想定しています。この従業員リストをExcelシートに展開するサンプルプログラムを作成してみましょう。
ちなみにこのリストに掲載されている個人データは、以下のサイトを利用して生成しました。

  疑似個人情報生成サービス

  https://hogehoge.tk/personal/

さて、このサンプルとなるWebページのHTMLは、次のとおりです。

```
<html>
  <head>
    <title>HTMLサンプル10</title>
  </head>
```

```html
<body>
    <table border="1">
        <caption>従業員リスト</caption>
        <tr>
            <th>連番</th>
            <th>氏名</th>
            <th>カタカナ</th>
            <th>性別</th>
            <th>生年月日</th>
            <th>血液型</th>
        </tr>
        <tr>
            <td>1</td>
            <td>矢口日菜子</td>
            <td>ヤグチヒナコ</td>
            <td>女</td>
            <td>1967/08/16</td>
            <td>O</td>
        </tr>
        <tr>
            <td>2</td>
            <td>小池麻里子</td>
            <td>コイケマリコ</td>
            <td>女</td>
            <td>1972/12/24</td>
            <td>B</td>
        </tr>
        <tr>
```

・・・中略・・・

```html
    </table>
```

```
        <p>
            ※<br>
            上記の個人データのサンプルは、以下のサイトの「<a href="https://hogehoge.tk/personal/" target="_blank">疑似個人情報生成サービス</a>」を利用させていただきました。
        </p>
        <p>
            単位換算、進数変換等の便利なWEBアプリ集：<a href="https://hogehoge.tk/" target="_blank">https://hogehoge.tk/</a>
        </p>
    </body>
</html>
```

　本節のExcel VBAのサンプルプログラムを実行すると、このWebページの従業員リストを"Sheet1"という名前のExcelシートに展開します。

　実際のサンプルプログラムを見てみましょう。

```
Option Explicit
```

```vb
'----------------------------------------
' Win32 API定義
'----------------------------------------
Private Declare Sub Sleep Lib "kernel32" (ByVal dwMilliseconds As Long)

'***************************************************************
' <table>を操作します
'***************************************************************
Sub テーブル操作()
    'Internet ExplorerのCOMをインスタンス化します
    Dim ie As New InternetExplorer
    
    'サンプルHTMLを開いているInternet Explorerのインスタンスを取得します
    Set ie = GetIEObject("http://www.ikachi.org/sample/sample10.html")
    If (ie.LocationURL = "") Then
        MsgBox "サンプルとなるWebページを開いてください。"
        Exit Sub
    End If
    
    'このExcelワークブックのSheet1シートのインスタンスを取得します
    Dim ws As Worksheet
    Set ws = ThisWorkbook.Worksheets("Sheet1")
    
    'Sheet1の内容をクリアします
    ws.Cells.ClearContents
    
    'HTMLのDocumentオブジェクトを定義し、指定したURLのドキュメントをセットします
    Dim doc As HTMLDocument
    Set doc = ie.document
```

```vb
'行カウンタ (row) と列カウンタ (col) を定義します
Dim row As Integer
row = 0
Dim col As Integer
col = 0

'HTMLに存在するタグを1つずつ取得します
Dim i As Integer
For i = 0 To (doc.all.Length - 1)
    'タグ名を取得します
    Dim tagName As String
    tagName = StrConv(doc.all(i).tagName, vbUpperCase)
    
    'TRタグの場合
    '--------------------------------------------------------
    '※
    'TRタグは1行に該当します
    If (tagName = "TR") Then
        '行カウンタをインクリメントし、列カウンタを初期化します
        row = row + 1
        col = 0
    End If
    
    
    'THタグもしくはTDタグの場合
    '--------------------------------------------------------
    '※
    'THタグは表見出し、TDタグは値に該当します
    If ((tagName = "TH") Or (tagName = "TD")) Then
        'その内容をシートに反映します
        col = col + 1
        ws.Cells(row, col) = doc.all(i).innerText
```

```
        End If
    Next i
    
    '列幅を最適化します
    ws.Cells.EntireColumn.AutoFit
End Sub
```

　従業員リストの展開先は、サンプルプログラムが記述されているExcelワークブックと同じファイル内の"Sheet1"シートです。サンプルプログラムにおいて、まずはこの"Sheet1"シートのオブジェクトを取得するところから始めます。

```
    'このExcelワークブックのSheet1シートのインスタンスを取得します
    Dim ws As Worksheet
    Set ws = ThisWorkbook.Worksheets("Sheet1")
```

　サンプルプログラムと同じExcelワークブックは、ThisWorkbookオブジェクトで取得できます。このオブジェクトに対し、Worksheetsコレクションに"Sheet1"シート名を指定することで、Sheet1シートのオブジェクトを取得します。
　次に、そのWorkシートオブジェクトに対し、Cells.ClearContents()メソッドを実行することで、シートの内容をクリアします。

```
    'Sheet1の内容をクリアします
    ws.Cells.ClearContents
```

　次の行では、HTMLドキュメントのオブジェクトを格納するための変数を定義します。HTMLドキュメントのオブジェクトを格納する変数のデータ型は、HTMLDocumentです。変数を定義後、ie.documentのオブジェクトを格納します。

```
    'HTMLのDocumentオブジェクトを定義し、指定したURLのドキュメントをセットします
    Dim doc As HTMLDocument
    Set doc = ie.document
```

次に、Webページの内容をExcelシートに展開する際に使用する、展開先のセルの位置を示す行と列のインデックスカウンタを定義します。

HTMLドキュメントに存在するすべてのタグは、HTMLドキュメントのAllコレクションで取得することができます。HTMLドキュメントに存在するすべてのタグの数は、AllコレクションのLengthプロパティで取得できます。サンプルプログラムでは、さらにAllコレクションに数値型のインデックスを指定することで、タグのオブジェクトを1つずつ取得しています。

```
'HTMLに存在するタグを1つずつ取得します
Dim i As Integer
For i = 0 To (doc.all.Length - 1)
```

Allコレクションから取得したタグのオブジェクトは、TagNameプロパティを参照することで、タグの名前を取得することができます。つまり、テーブルの行を意味する<tr>タグを取得する場合、TagNameプロパティの内容と文字列の"TR"を比較します。その際、大文字と小文字を区別しないようにするため、このサンプルプログラムでは比較の前に取得したタグをいったん大文字に変換しています。

```
'タグ名を取得します
Dim tagName As String
tagName = StrConv(doc.all(i).tagName, vbUpperCase)
```

TRタグが見つかった場合、Excelシートの行カウンタに1を加算し、シート上の次行に編集セルを移動します。

```
'TRタグの場合
'--------------------------------------------------
'※
'TRタグは1行に該当します
If (tagName = "TR") Then
    '行カウンタをインクリメントし、列カウンタを初期化します
    row = row + 1
```

```
            col = 0
        End If
```

　また、テーブルの見出しであるTHタグ、もしくはテーブルのデータであるTDタグが見つかった場合、Excelシートにそのタグの内容を展開しています。
　THタグもしくはTDタグが見つかった場合、Excelシートの列をカウントするインデックスをインクリメントすることで、次の列に編集中のセルを移動します。

```
        'THタグもしくはTDタグの場合
        '-----------------------------------------------------
        '※
        'THタグは表見出し、TDタグは値に該当します
        If ((tagName = "TH") Or (tagName = "TD")) Then
            'その内容をシートに反映します
            col = col + 1
            ws.Cells(row, col) = doc.all(i).innerText
        End If
```

すべてのタグを参照し終えたら、最後にExcelシートの列幅を最適化します。

```
        '列幅を最適化します
        ws.Cells.EntireColumn.AutoFit
```

> **この節のまとめ**
> ・テーブルタグの解析は、HTMLドキュメントから1つずつタグを取得することから始める
> ・HTMLドキュメントのタグの数は、AllコレクションのLengthプロパティを参照することで取得できる
> ・HTMLドキュメントのタグの名前は、AllコレクションのTagNameプロパティを参照することで取得できる

第3章

3章のおさらい

Excel VBAからのHTMLタグの操作について、DOM（Document Object Model）を利用することでかんたんに行えることがおわかりいただけたかと思います。

document.InnerHTMLプロパティで取得したHTMLソースを、InStr()関数を用いてわざわざ文字列解析する必要はないのです。もちろん、後者の方法でも実装できないわけではないのですが、ソースコードが非常に煩雑になってしまうのは言うまでもありません。

DOMを利用するとなると、慣れない場合はどうしてもVBEのインテリセンスの機能があった方が便利ですので、プログラミングの最中はプロジェクトにて必要なCOMを事前に参照設定しておくのがよいかと思います。

第 4 章

さまざまなファイルを解析する

　インターネット上から入手可能なドキュメントは、HTMLだけではありません。HTML以外にも、さまざまな種類のドキュメントが存在します。
　本章では、こうしたHTML以外のドキュメントをExcel VBAで解析する方法について説明します。
　本章で取り扱うドキュメントの種類は、XML／CSV／JSON／PDF／DOCXの5種類です。
　また、本章では、ドキュメントの文字コードについても触れます。文字コードとは、その名の通り、文字を表すコードのことです。文字コードにはさまざまな種類があり、その文字コードの違いによって、Excel VBAからドキュメントを読み込むための手法が異なってきます。

4-1
Webページのファイル形式（HTML／XML／CSV／JSON／PDF／DOCX）

クローリングとスクレイピングの対象となるファイルは、HTMLドキュメントだけではないでしょう。本章では、HTMLドキュメント以外のさまざまなファイルの解析を行う方法を説明します。まずは、インターネット上にはどのような形式のファイルがあるのか、一般的なものを見てみることにしましょう。

　クローリングとスクレイピングによって収集するデータには、どのようなものがあるでしょうか。
　インターネットから取得可能なデータのファイル形式については、一般的なものとして、次のようなものがあります。

HTML

　HTMLは、HyperText Markup Languageの略で、一般的なWebページを構成するハイパーテキストを記述するためのマークアップ言語で書かれたテキストファイルです。まず、ハイパーテキストとは、複数のテキストを相互に関連付けするための技術仕様をいいます。たとえばWebページにて、「ここをクリック」などと下線付きで書かれた文字列をクリックすると、別のWebサイトへリンクするためのしくみもハイパーテキストによるものです。マークアップ言語は、テキストの文字を大きくしたり色を付けたりするなどの文字装飾や、文章をタグと呼ばれる文字列によって構造化するための機能を持った記述言語です。つまりHTMLは、ハイパーテキストの機能を有したマークアップ言語なのです。
　HTMLのファイル拡張子は、"htm"もしくは"html"が使用されます。なぜ2種類の拡張子があるのかというと、20年以上前に大ヒットしたWindows 95が発売される以前のWindows OS（Windows 3.1以前）では、拡張子は3文字までしか使用できない

144　第4章　さまざまなファイルを解析する

という仕様上の制限があったためです。Windows 95以降、拡張子として"html"も使われるようになり、結果HTMLには2種類の拡張子が存在するようになりました。

XML

　XMLは、eXtensible Markup Languageの略で、HTMLと同様、マークアップ言語に分類されます。XMLもテキストファイルに記述します。HTMLの場合、定められたタグしか使用できませんでしたが、XMLの場合、独自のタグを定義することができます。独自のタグを定義できる利点としては、さまざまな要素をもったデータを構造的に表現することができます。そのため、Webページのテキストを装飾するために使用される目的より、データの受け渡しのために使われるのが一般的です。
XMLの拡張子は、"xml"です。

◆XMLサンプル

```xml
<?xml version="1.0"?>
<employees>
    <employee>
        <code>1</code>
        <name>矢口日菜子</name>
        <kana>ヤグチヒナコ</kana>
        <sex>女</sex>
        <birthday>1967/08/16</birthday>
        <bloodtype>O</bloodtype>
    </employee>
    <employee>
        <code>2</code>
        <name>小池麻里子</name>
        <kana>コイケマリコ</kana>
        <sex>女</sex>
        <birthday>1972/12/24</birthday>
        <bloodtype>B</bloodtype>
```

```xml
        </employee>
        <employee>
            <code>3</code>
            <name>滝本正好</name>
            <kana>タキモトマサヨシ</kana>
            <sex>男</sex>
            <birthday>1974/05/18</birthday>
            <bloodtype>A</bloodtype>
        </employee>
</employees>
```

CSV

　CSVは、Comma-Separated Valuesの略で、カンマ（,）で値を区切られたテキストデータのファイル形式です。1行が1レコードに該当します。Excelがインストールされている環境でCSVファイルを開くと、Excelアプリケーションに展開されます。Excelシートの内容をCSVファイル形式で保存することも可能です。ただ、1点注意が必要なのが、CSVファイルをExcelアプリケーションで開くと、データ先頭の0が省略されてしまいます。たとえば、0123456789のように、0から始まる電話番号が記述されているCSVファイルをExcelで開くと、先頭の0が勝手に省略され、123456789のように表示されてしまいます。その他にも、1-1のような値を2017/01/01のような日付型として認識し、「1月1日」などと表示します。このような現象を防ぐためには、Excelアプリケーションから「外部データの取り込み」を選択し、CSVファイルのすべての列を文字列型として取り込みます。その方法については、160ページで詳しく説明します。

　CSVファイルの拡張子は、"csv"です。

◆CSVサンプル

```
連番,氏名,カタカナ,性別,生年月日,血液型
1,矢口日菜子,ヤグチヒナコ,女,1967/8/16,O
2,小池麻里子,コイケマリコ,女,1972/12/24,B
```

```
3,滝本正好,タキモトマサヨシ,男,1974/5/18,A
4,富田由香,トミダユカ,女,1976/6/17,O
5,櫻井長太郎,サクライチョウタロウ,男,1976/8/11,O
6,唐沢定男,カラサワサダオ,男,1973/6/9,O
7,相良厚吉,サガラコウキチ,男,1974/1/16,O
8,金山竜也,カナヤマタツヤ,男,1983/8/9,A
9,進藤美琴,シンドウミコト,女,1990/3/24,B
10,塚本夕菜,ツカモトユウナ,女,1991/8/19,B
```

JSON

　JSONは、JavaScript Object Notationの略で、Webページのスクリプト言語として広く使われているJavaScriptにて取り扱いやすいように開発されたデータ記述言語です。テキストファイルに記述し、JavaScript以外のプログラミング言語でも取り扱いは可能です。JSONの読み方は、「ジェイソン」です。

　JSONファイルの拡張子は、"json"です。

◆JSONサンプル

```
{
    {
        "連番":"1",
        "氏名":"矢口日菜子",
        "カタカナ":"ヤグチヒナコ",
        "性別":"女",
        "生年月日":"1967/8/16",
        "血液型":"O"
    }
    {
        "連番":"2",
        "氏名":"小池麻里子",
        "カタカナ":"コイケマリコ",
```

```
            "性別":"女",
            "生年月日":"1972/12/24",
            "血液型":"B"
    }
    {
            "連番":"3",
            "氏名":"滝本正好",
            "カタカナ":"タキモトマサヨシ",
            "性別":"男",
            "生年月日":"1974/05/18",
            "血液型":"A"
    }
}
```

PDF

　PDFは、Portable Document Formatの略で、Adobe Systems社が研究開発した文書のファイル形式です。文書に画像を挿入したり、テキストを装飾するためのしくみを有しています。紙媒体に印刷した状態をそのままデジタルデータとして可視化することができます。テキストファイルではなくバイナリファイルであるため、PDFファイルを閲覧するには、Adobe Systems社のAdobe PDF Readerのような専用アプリケーションが必要です。また、Microsoft EdgeやInternet Explorerでも閲覧可能です。PDFファイルを作成する場合も、Adobe System社のAcrobat Distillerのような専用アプリケーションが必要となります。PDFファイルを閲覧するためのアプリケーションは、たいてい無償で配布されていますが、PDFファイルを作成するためのアプリケーションは、有償で配布されているものも多くあります。

　PDFファイルの拡張子は、"pdf"です。

DOCX

　DOCXは、Microsoft Wordのドキュメントファイルのことです。現在では拡張子"docx"がWordドキュメントファイルの主流ですが、Wordのバージョン2003以前は"doc"という拡張子が使用されていました。Wordドキュメントファイルの拡張子が"docx"となったのは、2003の次のバージョンの2007からですが、2007以降のバージョンでも2003以前の"doc"の拡張子のファイルを読み書きすることは可能です。Excel VBAからWordドキュメントファイルを操作する場合も同様に、拡張子が"docx"でも"doc"でも読み書きできます。

　Excel VBAからWordドキュメントファイルを操作するには、Wordアプリケーションの COMファイルを参照設定する必要があります。

> **この節のまとめ**
> - クローリングとスクレイピングの対象となるファイルの形式は、HTMLドキュメントだけではなく、さまざまである
> - XMLドキュメントは、HTMLドキュメントと同様、マークアップ言語で書かれたテキストファイルである
> - JSONファイルは、JavaScriptで解析することを想定して開発されたが、Excel VBAでも解析可能
> - PDFファイルは、テキストファイルではないので、Excel VBAから解析するためには特別な処理が必要となる
> - DOCXファイルは、Microsoft Wordドキュメントファイルのことで、Excel VBAでも容易に解析可能

4-2
XMLファイルを解析する

XMLファイルは、HTMLファイルと同様、マークアップ言語で書かれたテキストファイルであることは前述のとおりです。XMLの場合、HTMLとは違い、独自のタグを設けることができるのが特長です。本節では、Excel VBAでXMLドキュメントを解析する方法について見てみましょう。

サンプルプログラムとその解説

　Excel VBAからXMLドキュメントを解析する方法は、いくつかあります。一般的な方法は、前章で紹介したHTMLドキュメントの解析と同様、DOMを利用します。むろん、XMLファイルもテキストファイルですので、その内容を読み込み、文字列型関数を駆使することでも解析が可能です。

　ただ、やはりDOMを利用した方がプログラミングも楽になりますので、本書でもDOMを利用したXML解析を行います。

　それでは、次のようなXMLドキュメントをExcel VBAで解析するプログラムを作成してみましょう。

◆XML
```
<?xml version="1.0" encoding="Shift_JIS"?>
<root>
    <header>
        <date>2018/04/01</date>
        <customer>五十嵐情報処理研究所</customer>
    </header>
    <data>
```

150　第4章　さまざまなファイルを解析する

```xml
        <product>
            <no>0001</no>
            <name>製品A</name>
            <price>48000</price>
            <count>15</count>
        </product>
        <product>
            <no>0002</no>
            <name>製品B</name>
            <price>98000</price>
            <count>3</count>
        </product>
    </data>
</root>
```

　このXMLは、日別顧客別に製品売り上げデータを表現したものを想定しています。つまりこのXMLファイルは、2018/04/01に、「五十嵐情報処理研究所」が2つの製品、

　　　製品コード：0001
　　　製品名　　：製品A
　　　単価　　　：48000
　　　購入数　　：15

　　　製品コード：0002
　　　製品名　　：製品B
　　　単価　　　：98000
　　　購入数　　：3

を購入したことを意味します。
　さて、このXMLファイルを、Excel VBAから読み込んでみましょう。前述のとおり、本書ではXMLドキュメントの解析にDOMを利用します。Excel VBAからDOMを利用してXMLを解析する場合、「Microsoft XML v6.0」というCOMを参照設定する必

要があります。この「Microsoft XML v6.0」の実体は、"msxml6.dll"というファイルです。

サンプルプログラムのソースコードは、次のとおりです。

◆Excel VBA

```
Option Explicit


'**************************************************************
' 関数名：XMLファイル解析サンプル
' 概要  ：XMLファイルを解析します
' 引数  ：なし
' 戻り値：なし
'**************************************************************
Sub XMLファイル解析サンプル()

    'XMLドキュメントのインスタンスを格納するための変数を定義します
    Dim XMLDocument As New MSXML2.DOMDocument60

    'XMLファイルの読み込みが完了後、以降の処理を行います（同期処理）
    'asyncプロパティにTrueを指定すると、XMLファイルの読み込みが完了しなくても次の処理を行います（非同期処理）
    XMLDocument.async = False

    '読み込み対象となるXMLファイルのパスを指定します
    Dim xmlPath As String
    xmlPath = ThisWorkbook.Path & "\xml_sample.xml"

    'XMLファイルを読み込みます
    XMLDocument.Load (xmlPath)
    If (XMLDocument.parseError.ErrorCode <> 0) Then
        '読み込みに失敗した場合、エラーメッセージを表示して処理を抜けます
        MsgBox XMLDocument.parseError.reason
```

```vb
        Exit Sub
    End If


'------------------------------
'<header>の読み込み
'------------------------------

    'XMLファイルから、<header>の<date>に記載されている内容を取得します
    Dim xmlDate As IXMLDOMNode
    Set xmlDate = XMLDocument.SelectSingleNode("//ROOT/HEADER/DATE")

    'XMLファイルから、<header>の<customer>に記載されている内容を取得します
    Dim xmlCustomer As IXMLDOMNode
    Set xmlCustomer = XMLDocument.SelectSingleNode("//ROOT/HEADER/CUSTOMER")

    '取得した<header>の内容をメッセージに表示します
    Dim sHD As String
    sHD = ""
    sHD = sHD & "日付:" & xmlDate.Text & vbCrLf
    sHD = sHD & "顧客:" & xmlCustomer.Text

    MsgBox sHD


'------------------------------
'<data>の読み込み
'------------------------------

    'データ部のノードを格納する変数を定義します
```

```
        Dim xmlDataNode As IXMLDOMNode
        Set xmlDataNode = XMLDocument.SelectSingleNode("//ROOT/DATA")

        'データ部のノードに存在する子ノードを1つずつ所得します
        Dim Node As IXMLDOMNode
        For Each Node In xmlDataNode.ChildNodes

            '取得した<data>の内容をメッセージに表示します
            Dim sDT As String
            sDT = ""
            sDT = sDT & "製品番号:" & Node.ChildNodes(0).Text & vbCrLf '<no>
            sDT = sDT & "製品名  :" & Node.ChildNodes(1).Text & vbCrLf '<name>
            sDT = sDT & "単価   :" & Node.ChildNodes(2).Text & vbCrLf '<price>
            sDT = sDT & "数量   :" & Node.ChildNodes(3).Text & vbCrLf '<count>

            MsgBox sDT
        Next
End Sub
```

このプログラムを実行すると、次のような結果が得られます。

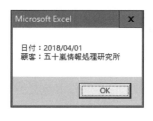

　最初に<HEADER>タグに記載されている顧客情報がメッセージボックスに表示され、続いて<DATA>タグに記載されている製品情報が2つ、メッセージボックスに表示されるのを確認できたかと思います。

　エラーが発生して思い通りの結果にならなかった場合は、XMLファイルのフォルダーの位置を確認してください。このサンプルプログラムは、自分自身のマクロファイルの位置と同じフォルダに存在する「xmlsample.xml」というファイル名のXMLファイルを読み込みます。むろん、そのXMLファイルの内容は、本節のはじめに掲載したものと同じ内容である必要があります。

　サンプルプログラムでは、まずは最初にXMLドキュメントを格納する変数を定義します。変数のデータ型は、MSXML2.DOMDocument60です。これは、前述のCOM参照によって追加されるオブジェクトのデータ型です。

```
'XMLドキュメントのインスタンスを格納するための変数を定義します
Dim XMLDocument As New MSXML2.DOMDocument60
```

　次に、XMLドキュメントの読み込み時、その読み込みが完了せずともプログラムを次の処理に移行するかどうかをasyncプロパティで指定しています。

　asyncプロパティにTrueを設定すると、XMLドキュメントの読み込みを完了しなくてもプログラムを次の処理へ移行し（非同期処理）、Falseを設定すると、XMLドキュメントの読み込みを完了したのち、プログラムを次の処理へ移行します（同期処理）。

　ただし、実はExcel VBAの場合、asyncプロパティの指定にかかわらず同期処理となるため、特に気にする必要はありません。別のプログラミング言語を使用するときのため、覚えておいて損はないでしょう。

4-2　XMLファイルを解析する　**155**

```
'XMLファイルの読み込みが完了後、以降の処理を行います（同期処理）
'asyncプロパティにTrueを指定すると、XMLファイルの読み込みが完了しなくて
も次の処理を行います（非同期処理）
    XMLDocument.async = False
```

XMLドキュメントを格納する変数を定義したら、次は読み込み対象とするXMLファイルを指定します。サンプルプログラムでは、自分自身のマクロファイルと同一フォルダに存在する"xmlsample.xml"ファイルを読み込みます。

```
'読み込み対象となるXMLファイルのパスを指定します
Dim xmlPath As String
xmlPath = ThisWorkbook.Path & "\xmlsample.xml"
```

XMLファイルの読み込みは、XMLドキュメントのオブジェクトよりLoad()メソッドを実行します。Load()メソッドのパラメーターには、読み込み対象とするXMLファイルのパスを指定します。

```
'XMLファイルを読み込みます
XMLDocument.Load (xmlPath)
```

XMLファイルの読み込みが正常終了したかどうかは、XMLドキュメントのオブジェクトより、parseError.ErrorCodeプロパティで確認することができます。Load()イベントの実行後、parseError.ErrorCodeの値が0以外の場合、読み込みに失敗したと判断します。

読み込みに失敗した場合、parseError.reasonプロパティを参照することで、失敗の原因を調査することが可能です。

```
If (XMLDocument.parseError.ErrorCode <> 0) Then
    '読み込みに失敗した場合、エラーメッセージを表示して処理を抜けます
    MsgBox XMLDocument.parseError.reason
    Exit Sub
End If
```

さて、XMLドキュメントの読み込みが完了したら、その内容を取得してメッセージに表示するロジックが開始します。

XMLドキュメントの解析は、ノード（Node）と呼ばれるツリー構造の単位で行います。たとえば、このXMLサンプルの場合では、<header>から<date>と<customer>に関する情報を取得する場合、次のようにノードを指定します。

```
'------------------------------
'<header>の読み込み
'------------------------------

    'XMLファイルから、<header>の<date>に記載されている内容を取得します
    Dim xmlDate As IXMLDOMNode
    Set xmlDate = XMLDocument.SelectSingleNode("//ROOT/HEADER/DATE")

    'XMLファイルから、<header>の<customer>に記載されている内容を取得します
    Dim xmlCustomer As IXMLDOMNode
    Set xmlCustomer = XMLDocument.SelectSingleNode("//ROOT/HEADER/CUSTOMER")
```

XMLのノードは、IXMLDOMNodeというオブジェクトの型で取得することが可能です。ノードの取得は、XMLドキュメントのSelectSingleNode()メソッドにノードの階層を上述のように文字列で指定します。

たとえば、<header>の<date>に記載されている内容を取得する場合、"//ROOT/HEADER/DATE"という文字列をSelectSingleNode()メソッドのパラメーターに指定します。

取得したノードの内容は、Textプロパティにて確認できます。

```
'取得した<header>の内容をメッセージに表示します
Dim sHD As String
sHD = ""
sHD = sHD & "日付:" & xmlDate.Text & vbCrLf
```

4-2 XMLファイルを解析する

```
    sHD = sHD & "顧客:" & xmlCustomer.Text

    MsgBox sHD
```

続いて、<data>部の読み込み部分を見てみましょう。

```
'------------------------------
'<data>の読み込み
'------------------------------

    'データ部のノードを格納する変数を定義します
    Dim xmlDataNode As IXMLDOMNode
    Set xmlDataNode = XMLDocument.SelectSingleNode("//ROOT/DATA")

    'データ部のノードに存在する子ノードを1つずつ所得します
    Dim Node As IXMLDOMNode
    For Each Node In xmlDataNode.ChildNodes

        '取得した<data>の内容をメッセージに表示します
        Dim sDT As String
        sDT = ""
        sDT = sDT & "製品番号:" & Node.ChildNodes(0).Text & vbCrLf '<no>
        sDT = sDT & "製品名　:" & Node.ChildNodes(1).Text & vbCrLf '<name>
        sDT = sDT & "単価　　:" & Node.ChildNodes(2).Text & vbCrLf '<price>
        sDT = sDT & "数量　　:" & Node.ChildNodes(3).Text & vbCrLf '<count>

        MsgBox sDT
```

```
Next
```

　最初に、SelectSingleNode()メソッドのパラメーターに"//ROOT/DATA"を指定することで、DATA部のノードを取得します。

　指定したノードの子ノードを取得するには、ノードのChildNodesコレクションを参照します。サンプルプログラムでは、For Eachステートメントにより、指定したノードのすべての子ノードを1つずつ取得しています。

　ChildNodesコレクションは、引数に要素のインデックスを指定することで、そのオブジェクトを取得することができます。<header>情報の取得と同様、Textプロパティを参照することにより、各ノードから文字列データを取得し、それを結合してメッセージボックスに表示します。

この節のまとめ
- XMLドキュメントの解析にもDOMを利用する
- Excel VBAからDOMを利用するには、Microsoft XML v6.0をCOM参照する
- XMLドキュメントのオブジェクトより、SelectSingleNode()メソッドを実行することで、指定したノードのオブジェクトを取得できる

4-3
CSVファイルを解析する

Web上に公開されているデータの中には、CSVファイル形式のものが数多く存在します。実際、政府機関がオープンデータとして提供しているさまざまなデータにも、CSVファイルが占める割合が高く、クローリングとスクレイピングを行うためには、CSVファイルの取り扱いは必須の知識といえます。

サンプルプログラムとその解説

　CSV（Comma-Separated Values）とは、その名のとおり、カンマ（,）で値を区切ることで2次元表形式のデータを表現する記法です。テキストファイル形式のため、Windows標準のメモ帳アプリでもCSVファイルを開くことができます。CSVファイル1行が1レコード（1データ）に該当し、カンマによって各項目が区切られています。

　コンピューターにExcelアプリケーションをインストールした場合、CSVファイルは自動的にExcelアプリケーションに関連付けられるため、CSVファイルをダブルクリックするとExcelアプリケーションで開きます。

　その場合に注意が必要なのが、CSVファイルの値に、電話番号のように先頭が「0」で始まるデータが存在する場合、その先頭の「0」が自動的に削除されてしまうということです。

　たとえば、「0123456789」のようなデータの場合、先頭の「0」が削除され、「123456789」のようになってしまいます。

160　第4章　さまざまなファイルを解析する

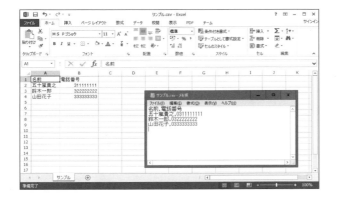

　上記の例では、ExcelアプリケーションでCSVファイルを開いた場合と、メモ帳で開いた場合の違いを比較しています。

　メモ帳でCSVファイルを開いた場合、電話番号の先頭「0」は表示されていますが、ExcelアプリケーションでCSVファイルを開いた場合、電話番号の先頭「0」が削除されているのがわかります。当然、ExcelアプリケーションでCSVファイルを編集し、そのまま保存した場合、電話番号の先頭「0」は削除された状態で保存されてしまいますので、注意が必要です。

　さて、ではCSVファイルを取り込むサンプルプログラムを見てみましょう。

　まずは、簡単な例を紹介します。次のCSVファイルのサンプルデータをご覧ください。

◆サンプルデータ

```
社員コード,社員名,生年月日
043,金山泰,1982/08/15
155,安井匠,1960/10/14
164,五味徳治,1979/03/03
192,大江丈夫,1963/07/23
293,三木戸敷,1989/09/14
222,高原良吉,1969/04/02
396,大前民雄,1971/06/13
662,横田佐一,1997/07/15
846,佐伯正洋,1977/07/08
```

4-3 CSVファイルを解析する **161**

```
957,葛西光政,1976/05/28
```

このCSVファイルをExcel VBAで読み込んでみます。前述のとおり、CSVファイルはテキストファイルでしかないので、通常どおりにテキストファイルとして読み込んだあと、1行ずつ取得してカンマ「,」で区切ることで、値を取得することができます。

サンプルプログラムは、次のとおりです。

◆Excel VBA

```
Option Explicit

'----------------------------------------
'  構造体定義
'----------------------------------------
'社員構造体
Private Type Employee
    Code As String                          '社員コード
    Name As String                          '社員名
    Birthday As Date                        '誕生日
End Type


'*********************************************************
'  関数名：CSV解析サンプル
'  概要　：CSVファイルを解析します
'  引数　：なし
'  戻り値：なし
'*********************************************************
Sub CSV解析サンプル()

    '解析するCSVファイルのフルパス
    Dim csvPath As String
    csvPath = ThisWorkbook.Path & "\csv_sample.csv"
```

```vb
'FileSystemObjectのインスタンスを生成
Dim fso As Object
Set fso = CreateObject("Scripting.FileSystemObject")

'CSVファイルを開く
Dim csvFile As Object
Set csvFile = fso.OpenTextFile(csvPath, 1, False)

'CSVファイルの内容をすべて読み込み
Dim s As String
s = csvFile.ReadAll

'行で分割して配列に格納
Dim csvLine As Variant
csvLine = Split(s, vbCrLf)

'構造体を定義
Dim emp() As Employee

'1行ずつ処理する
Dim i As Integer
For i = 1 To UBound(csvLine)        '1行目は見出し行のため読み飛ばす

    '空行を読み飛ばす
    If (csvLine(i) <> "") Then

        '行をカンマ区切りで分割
        Dim sVal As Variant
        sVal = Split(csvLine(i), ",")

        '構造体に格納
```

4-3 CSVファイルを解析する **163**

```
            ReDim Preserve emp(i - 1)
            emp(i - 1).Code = sVal(0)
            emp(i - 1).Name = sVal(1)
            emp(i - 1).Birthday = CDate(sVal(2))
        End If
    
    Next i
    
    '構造体に格納したデータを1レコードずつメッセージ表示
    Dim j As Integer
    For j = 0 To UBound(emp)
        MsgBox "社員名:" & emp(j).Code & _
            " 社員コード:" & emp(j).Name & _
            " 誕生日:" & Format(emp(j).Birthday, "GGGEE年MM月DD日")
    Next j

End Sub
```

このサンプルプログラムの実行結果は、次のとおりです。

まずは、先頭にて読み込むCSVファイルのパスを設定します。このサンプルプログラムで使用するCSVファイルは、このExcelマクロファイルと同一ディレクトリに存在する「サンプル」フォルダのなかの"CSVサンプル.csv"です。

```
'解析するCSVファイルのフルパス
Dim csvPath As String
```

```
csvPath = ThisWorkbook.Path & "\サンプル\CSVサンプル.csv"
```

Excel VBAからのテキストファイルの読み込み方はさまざまですが、本書ではFileSystemObjectを利用して、一度にすべての行を取得しています。

```
'FileSystemObjectのインスタンスを生成
Dim fso As Object
Set fso = CreateObject("Scripting.FileSystemObject")

'CSVファイルを開く
Dim csvFile As Object
Set csvFile = fso.OpenTextFile(csvPath, 1, False)

'CSVファイルの内容をすべて読み込み
Dim s As String
s = csvFile.ReadAll
```

CSVファイルのすべての内容を文字列データとして取得し、変数「s」に格納したのち、これを改行コード「vbCrLf」で行ごとに分割し、それを配列「csvLine」に格納します。文字列データを行ごとに分割するのは、Split()関数を使用します。

```
'行で分割して配列に格納
Dim csvLine As Variant
csvLine = Split(s, vbCrLf)
```

その後、その配列に格納した行単位のデータ（レコード）を、すべてのレコードについて、今度はカンマ区切りにSplit()関数で分割し、各列の値を取得します。

```
'行をカンマ区切りで分割
Dim sVal As Variant
sVal = Split(csvLine(i), ",")
```

4-3 CSVファイルを解析する

```
'構造体に格納
ReDim Preserve emp(i - 1)
emp(i - 1).Code = sVal(0)
emp(i - 1).Name = sVal(1)
emp(i - 1).Birthday = CDate(sVal(2))
```

最後に、構造体に格納したCSVデータを、メッセージボックスで表示します。

以上がCSVファイル読み込みの簡単な例です。

では、今度はCSVファイル読み込みの難しい例を見てみましょう。

前述のとおり、CSVファイルの各データはカンマによって区切られています。そのため、値にカンマが含まれている場合、Split()関数で値を取得したのでは、列の位置がずれてしまい、正しい値を取得できません。

例を見てみましょう。つまり、次のようなCSVファイルの場合です。

```
社員コード,社員名,生年月日
024,"James,Taylor",1972/08/13
043,金山泰,1982/08/15
155,安井匠,1960/10/14
164,五味徳治,1979/03/03
192,大江丈夫,1963/07/23
293,三木戸敷,1989/09/14
222,高原良吉,1969/04/02
396,大前民雄,1971/06/13
662,横田佐一,1997/07/15
846,佐伯正洋,1977/07/08
957,葛西光政,1976/05/28
```

この例では、社員名が「James,Taylor」という値になっています。この値がダブルクォーテーション「"」で囲まれているのは、この範囲内の文字列を1つの値とするためです。試しに、Excelのワークシートにて、1つのセルにカンマがあるデータを入力し、CSVファイル形式で保存してみてください。上記のように、「,」があるデータが「"」で囲まれているのを確認することができます。

このCSVを先ほどのサンプルプログラムで取り込んでみると、エラーになってしまいます。「,」で分割した際、"James,Taylor"の名前が2つに分割されてしまったためです。つまり、「,」で分割した際の配列は、次のようになってしまいます。

sVal(0) ... 024
sVal(1) ... "James
sVal(2) ... Taylor"
sVal(3) ... 1972/08/13

　正しく分割されないばかりか、不要な「"」まで付いてしまいました。
　「"」で囲われている場合の「,」はデータの区切りとは判断せず、また、値の先頭と最後が「"」の場合、その「"」は値ではなく、値の範囲を示す記号として扱わなくてはなりません。実は、「,」が値として含まれているCSVファイルの取り込みは、結構難しいのです。
　そこで、「'」に対応した標準モジュールをあらかじめ作成しておきました。GetCsvValue()という関数です。
　GetCsvValue()関数のソースコードは、次のとおりです。

◆Excel VBA

```
'************************************************************
' 関数名：GetCsvValue
' 概要  ：CSVデータ1行を値で分割した配列に格納して返します
' 引数  ：[vstrCsvLine]...CSVデータ1行
' 戻り値：配列に格納したCSVデータ
'************************************************************
Public Function GetCsvValue(ByVal vstrCsvLine As String) As Variant
    Const CNS_SC = "'"              'シングルクォーテーション
    Const CNS_DC = """"             'ダブルクォーテーション
    Const CNS_COMM = ","             'カンマ
    
    Dim vntREC As Variant
```

4-3　CSVファイルを解析する　**167**

```
Dim strCHAR As String
Dim strCHAR1 As String
Dim IX As Long
Dim POS As Long
Dim POSMAX As Long
Dim POS1 As Long

'変数を初期化
IX = -1

ReDim vntREC(0)
POS = 1
POSMAX = Len(vstrCsvLine)

'レコード全体のループ
Do While POS <= POSMAX
    '項目当たりの先頭文字の判定
    strCHAR1 = Mid(vstrCsvLine, POS, 1)
    Select Case strCHAR1
        Case CNS_SC            'シングルクォーテーション
            POS = POS + 1
        Case CNS_DC            'ダブルクォーテーション
            POS = POS + 1
        Case Else              'なし(カンマで判定)
            strCHAR1 = CNS_COMM
    End Select

    POS1 = POS

    '項目当たりの終了位置判定
    Do While POS <= POSMAX
        strCHAR = Mid(vstrCsvLine, POS, 1)
```

```
        '終了文字判定
        If (strCHAR = strCHAR1) Then
            If (strCHAR1 <> CNS_COMM) Then
                If (POS >= POSMAX) Then
                    Exit Do
                ElseIf (Mid(vstrCsvLine, POS + 1, 1) = CNS_COMM) Then
                    Exit Do
                End If
            Else
                Exit Do
            End If
        End If
        POS = POS + 1
Loop

'1項目の配列登録(配列の要素数を増やして登録)
IX = IX + 1
ReDim Preserve vntREC(IX)
If (POS > POS1) Then
    '※本処理では特にデータ型の判断は行わない
    vntREC(IX) = Mid$(vstrCsvLine, POS1, POS - POS1)
Else
    vntREC(IX) = ""
End If

'次項目の先頭に移動
If (strCHAR <> CNS_COMM) Then
    POS = POS + 2
Else
    POS = POS + 1
```

```
        End If
    Loop
    
    'レコード右端がカンマの場合は配列要素を1つ増やす
    If (vstrCsvLine <> "") Then
        If (Mid(vstrCsvLine, POSMAX, 1) = CNS_COMM) Then
            IX = IX + 1
            
            ReDim Preserve vntREC(IX)
            vntREC(IX) = ""
        End If
    End If
    
    '戻り値にセット
    If (IX >= 0) Then
        GetCsvValue = vntREC
    Else
        GetCsvValue = ""
    End If
    
End Function
```

　では、このGetCsvValue()関数を使い、先ほど取り込めなかったCSVデータを、再度取り込んでみましょう。

　まず、GetCsvValue()関数をプロジェクトに取り込みます。次に、サンプルプログラムを修正します。Split()関数の代わりに、GetCsvValue()関数を使用するように変更するだけです。

```
            '行をカンマ区切りで分割
            Dim sVal As Variant
'             sVal = Split(csvLine(i), ",")      'カンマ未対応
            sVal = GetCsvValue(csvLine(i))       'カンマ対応
```

これだけの修正で、「,」が含まれているCSVファイルを取り込めるようになります。

ソースコードは、ちょっと長めです。要は、たとえカンマがあったとしても、そのカンマがダブルクォーテーション「"」で囲まれている場合、CSVファイルの区切り文字とは判断せず、データとして判断するようになっています。

この、GetCsvValue()関数は、汎用的に使用できます。CSVファイルの取り込みの際には、ぜひご利用ください。

> **この節のまとめ**
> ・CSVファイルは、値をカンマで区切ったテキストファイルのデータ
> ・値にカンマが含まれていない場合、Split()関数で各列の値を取得できる
> ・値にカンマが含まれている場合、本節で紹介したGetCsvValue()関数を使用すると楽

4-4
JSONファイルを解析する

JSONファイルは、JavaScriptで扱いやすいように考案されたデータ形式のテキストファイルです。本節では、Excel VBAからJSONファイルを読み込む方法について説明します。

サンプルプログラムとその解説

　冒頭でも述べたとおり、JSONファイルはJavaScriptで扱いやすいように考案されたデータ形式のテキストファイルですが、Excel VBAからでもちょっとした工夫で簡単に読み込むことができます。

　その工夫とは、「Microsoft Script Control」というCOMコントロールを使用して、JScriptをExcel VBAから実行する方法です。この方法なら、いとも簡単にJSONファイルのオブジェクトをExcel VBA上で操作することができます。

　ただし、ちょっと考え方が特殊です。まずは、サンプルプログラムをご覧ください。このサンプルプログラムは、自分自身のマクロファイルと同一フォルダに存在する"sample.json"という名前のJSONファイルを読み込みます。

　JSONファイルの内容は、次のとおりです。

◆JSONファイルの内容
```
{
        "名前":"五十嵐貴之",
        "性別":"男"
}
```

"名前"と"性別"という2つの属性と、それに該当する値が存在するだけの非常にシンプルなJSONファイルです。
　このJSONファイルをExcel VBAで読み込むためのサンプルプログラムは、次のとおりです。

◆Excel VBA

```
Option Explicit

'**************************************************************
' 関数名：JSONファイル解析サンプル
' 概要　：JSONファイルを解析します
' 引数　：なし
' 戻り値：なし
'**************************************************************
Sub JSONファイル解析サンプル()

    'JSONファイルのパスを定義します
    Dim jpath As String
    jpath = ThisWorkbook.Path & "\json_sample.json"

    'Microsoft Script ControlのCOMを参照します
    Dim sc As Object
    Set sc = CreateObject("ScriptControl")

    'Microsoft Script Controlの言語に"JScript"を指定します
    sc.Language = "JScript"

    'jsonにパースする関数を定義する文字列を構築します
    Dim sFc As String
    sFc = ""
    sFc = sFc & " function jsonParse(s)"
    sFc = sFc & " {"
```

4-4 JSONファイルを解析する　**173**

```vb
        sFc = sFc & "    return eval('(' + s + ')');"
        sFc = sFc & " }"
        
        'Microsoft Script Controlに構築した関数を定義します
        sc.AddCode sFc
        
        'Microsoft Script Controlに構築した関数を実行します
        Dim objJSON As Object
        Set objJSON = sc.CodeObject.jsonParse(ReadUTF8Text(jpath))
        
        '実行結果をテキストデータで取得します
        Dim s As String
        s = ""
        s = s & "性別: " & objJSON.性別 & vbCrLf
        s = s & "名前: " & objJSON.名前
        
        '取得したJSONデータをメッセージ表示します
        MsgBox s
        
End Sub

'****************************************************************
' 関数名：ReadUTF8Text
' 概要  ：UTF-8形式のテキストファイルを読み込み、その内容を返します
' 引数  ：[fpath]...テキストファイルのフルパス
' 戻り値：テキストファイルの内容
'****************************************************************
Function ReadUTF8Text(ByVal fpath As String) As String
        
        'ADODB.StreamをCOM参照します
        Dim sr As Object
        Set sr = CreateObject("ADODB.Stream")
```

```
        'UTF-8の読み込みに必要なプロパティをセットします
        sr.Charset = "UTF-8"
        sr.Type = 2                 'adTypeText
        sr.LineSeparator = -1       'adCrLf
        sr.Open

        'テキストファイルをADODB.Streamで読み込みます
        sr.LoadFromFile fpath

        'テキストファイルの内容を読み込みます
        Dim buf   As String
        buf = sr.ReadText(-1)       'adReadAll

        'テキストファイルを閉じます
        sr.Close

        '読み込んだテキストデータを戻り値として返します
        ReadUTF8Text = buf

End Function
```

このサンプルプログラムを実行すると、次のような結果が得られます。

▼実行結果

先ほど考え方が特殊だと説明しましたが、いったい何が特殊なのかというと、JSONファイルを読み込むためのJScriptのメソッドをExcel VBA上で動的に生成し、そのJScriptの関数を実行することでJSONファイルを読み込むところです。
　言葉の説明だけだと理解しづらいかと思いますので、サンプルプログラムを先頭から追って見てみましょう。
　まず先頭では、読み込むJSONファイルのパスを定義しています。前述のとおり、JSONファイルは、サンプルプログラムのマクロファイルがあるフォルダと同じフォルダに配置する必要があります。
　次に、Microsoft Script ControlのCOMを参照します。Microsoft Script ControlのCOMの参照は、VBEの参照設定から行う場合、「Microsoft Script Control x.x」（x.xは、バージョン情報）を選択します。

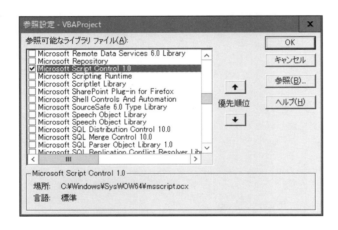

　VBA上で動的にCOM参照する場合、progidは"ScriptControl"です。つまり、CreateObject()関数で動的にMicrosoft Script ControlのCOMを参照する場合は、次のようにします。

```
'Microsoft Script ControlのCOMを参照します
Dim sc As Object
Set sc = CreateObject("ScriptControl")
```

　Microsoft Script ControlのCOMをインスタンス化したら、今度はそのインスタ

ンスに対し、スクリプトの言語を指定します。スクリプトの言語設定は、Languageプロパティに利用するスクリプト言語の種類を文字列で指定します。

```
'Microsoft Script Controlの言語に"JScript"を指定します
sc.Language = "JScript"
```

このLanguageプロパティへのスクリプト言語の指定は、"JScript"と"VBScript"の2種類があります。JSONファイルは、JavaScriptでの利用を容易にするために開発されたドキュメントの仕様ですので、"JScript"を指定します。"JavaScript"ではなく、"JScript"です。「JScript」は、Microsoftが独自仕様を追加したJavaScriptです。「JScript」と「VBScript」の2つのスクリプト言語は、WSH（Windows Scripting Host）と呼ばれる、Windows OS専用のスクリプト言語です。

次に、JScriptのメソッドをExcel VBAのソースコード上に文字列で組み立てます。JScriptやJavaScriptに関する言語仕様について、本書では詳しい解説を行いませんが、以下のロジックは、要はJSONファイルを解析するための"jsonParse"というメソッドを文字列で組み立てていると思ってください。

```
'jsonにパースする関数を定義する文字列を構築します
Dim sFc As String
sFc = ""
sFc = sFc & " function jsonParse(s)"
sFc = sFc & " {"
sFc = sFc & "     return eval('(' + s + ')');"
sFc = sFc & " }"
```

ここで組み立てたJScriptのロジックは、文字列のままMicrosoft Script ControlのAddCode()メソッドに引き渡します。

```
'Microsoft Script Controlに構築した関数を定義します
sc.AddCode sFc
```

これで、このMicrosoft Script ControlのインスタンスでJScriptのロジックが読

み込まれたことになります。

　JScriptの読み込みが完了したら、続いてそのJScriptに追加したjsonParse()メソッドを実行します。jsonParse()メソッドの呼び出しは、Microsoft Script ControlのCodeObjectオブジェクトより、メソッド名を指定するだけです。

```
'Microsoft Script Controlに構築した関数を実行します
Dim objJSON As Object
Set objJSON = sc.CodeObject.jsonParse(ReadUTF8Text(jpath))
```

　jsonParse()メソッドには、解析したいJSONファイルの内容を代入します。サンプルプログラムでは、jsonParse()メソッドに対し、ReadUTF8Text()関数の戻り値を代入しています。

　このReadUTF8Text()関数は、UTF-8で書かれたテキストファイルを読み込むための関数です。本書で扱うJSONファイルはUTF-8で記述されていますので、まずはこのJSONファイルをUTF-8形式で読み込む必要があります。

　JSONファイルがUTF-8形式以外のテキストファイルである場合は、この限りではありません。別途、適切なエンコードの処理が必要です。

　Unicodeのテキストファイルの読み込みについては、すでに説明済みですので、本節ではReadUTF8Text()関数に関する説明は行いません。

　jsonParse()メソッドを、JSONファイルの内容が代入された変数をパラメーターとして実行することにより、JSONファイルの読み込みは完了します。

　読み込んだJSONファイルの内容をExcel VBA上で参照するには、次のようにします。

```
'実行結果をテキストデータで取得します
Dim s As String
s = ""
s = s & "性別: " & objJSON.性別 & vbCrLf
s = s & "名前: " & objJSON.名前
```

　CodeObject.jsonParse()の実行により、Microsoft Script Controlに読み込まれたJSONファイルは、変数「objJSON」にオブジェクト型で格納されます。

JSONファイル内の要素にアクセスするには、各々の要素を指定するだけです。つまり、JSONファイル内に記述されている"性別"にアクセスするには、"objJSON.性別"と記述するだけでアクセスできます。

> **この節のまとめ**
> - Excel VBAでJSONファイルを解析するには、Microsoft Script Controlを使うのが楽
> - Microsoft Script Controlを使う場合、JSONファイルを解析するJScriptのメソッドをExcel VBA内で構築する
> - Microsoft Script Controlで解析したJSONファイルは、Excel VBAから操作可能なオブジェクトとして認識できる

4-5
PDFファイルを解析する

今回は、PDFファイルをExcel VBAで読み込む方法について見てみます。前節までに紹介したさまざまなフォーマットのファイルとは違い、PDFファイルはバイナリファイルです。そのため、まずはPDFファイルをテキストファイルに変換するところから始めます。

サンプルプログラムとその解説

　前節まで、さまざまなフォーマットのファイルをExcel VBAから読み込む方法について説明しましたが、これらはすべてテキストファイルに分類されます。テキストファイルであれば、いかなるフォーマットファイルであれ、文字列操作だけでも解析が可能です。

　しかし、今回紹介するPDFファイルは、バイナリファイルに分類されます。たとえば、PDFファイルをメモ帳のようなテキストエディタで開いても、文字化けしたような記号ばかりが表示されてしまいます。

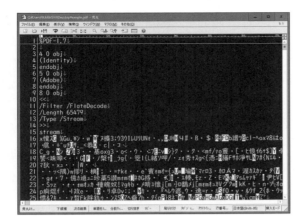

　そのため、PDFファイルをExcel VBAで解析する場合、まずはExcel VBAで扱いが可能なテキストデータへの変換が必要となります。本書では、PDFファイルからテキストデータの抽出を、papyさんが開発したPDFDesigner Toolsを利用することで行います。

　まずは、papyさんのWebサイトからpdftoolをダウンロードしてください。

PDFDesigner Tools　version 0.1（初版）
http://papy.world.coocan.jp/pdftool/

　本書では、pdftoolを用いてPDFファイルからテキストデータの抽出を行いますが、このpdftoolを使えば、テキストファイルをPDFファイルに変換したり、PDFの加工・

4-5　PDFファイルを解析する　**181**

編集といったことが可能となります。

　さて、まずは上記のURLからpdftoolを任意のフォルダにダウンロードしましょう。ページ中央部、「〜ダウンロード〜」の下のpdftool.zipをクリックすることで、ダウンロードが開始されます。ダウンロードファイルはZIP形式で圧縮されています。解凍すると、pdftool.dllが現れます。これを、これから作成するExcelマクロファイルと同じフォルダに配置します。

　さて、Excelマクロファイルのソースコードは、次のとおりです。

◆Excel VBA

```
Option Explicit

'-------------------------------
' PDF Tool API
'-------------------------------
'PDFファイルからテキストデータを取得します
Private Declare Function GetPDFText Lib "pdftool.dll" (ByVal OpenFileName As String, ByVal textpath As String) As Long


'*************************************************************
' メソッド名   ：GetText
' 概要         ：PDFファイルからテキストデータを抽出し、テキストファイルに出力します
' パラメーター：[pdfpath] ...PDFファイルのフルパス
'               [textpath]...テキストファイルのパス
' 戻り値       ：(1：成功  -1：失敗  -2：PDFファイルが暗号化されてる)
'*************************************************************
Public Function GetText(ByVal pdfpath As String, ByVal textpath As String) As Long

    'PDFファイルから、作業用PDFファイル（TMPファイル）を作成します
    Dim tmppath As String
    tmppath = MakeTmpFile(pdfpath)
```

```
    'TMPファイルからテキストデータを取得し、テキストファイルに出力します
    Dim lngRet As Long
    lngRet = GetPDFText(tmppath, textpath)

    'TMPファイルを削除します
    Kill tmppath

    'GetPDFText()関数の戻り値を返します
    GetText = lngRet

End Function

'***************************************************************
' メソッド名  :MakeTmpFile
' 概要     :PDFファイルをもとに作業用PDFファイルを作成し、そのフルパスを返
します
' パラメーター:[pdfpath] ...PDFファイルのフルパス
'        [textpath]...テキストファイルのパス
' 戻り値    :作業用PDFファイルのフルパス
'***************************************************************
Private Function MakeTmpFile(ByVal pdfpath As String) As String

    'ファイル番号を取得します
    Dim FileNo As Integer
    FileNo = FreeFile

    'バイトデータを取得する配列を定義します
    Dim Stream() As Byte
    ReDim Stream(FileLen(pdfpath) - 1)

    'PDFファイルを開き、バイトデータを取得します
```

```
        Open pdfpath For Binary As #FileNo
        Get #FileNo, , Stream


        'PDFファイルを閉じます
        Close #FileNo


        '取得したバイトデータからPDFのバージョン情報に該当する箇所を書き変えます
        Stream(5) = "&H31"
        Stream(7) = "&H34"


        'ファイル番号を取得します
        FileNo = FreeFile


        '作業用PDFファイルのパスを取得します
        '※同一ディレクトリに拡張子が"tmp"でコピーファイルを作成
        Dim tmppath As String
        tmppath = Left(pdfpath, Len(pdfpath) - 3) & "tmp"


        '書き変えたバイトデータを作業用PDFファイルに出力します
        Open tmppath For Binary Access Write As #FileNo
        Put #FileNo, , Stream


        '作業用PDFファイルを閉じます
        Close #FileNo


        '戻り値として作業用PDFファイルのフルパスを返します
        MakeTmpFile = tmppath

End Function
```

　このクラスモジュールは、pdftool.dllを利用してPDFファイルをテキストファイルに変換することに特化しています。Windows APIと同様、モジュールの先頭にて、

pdftool.dllの関数をDeclare文で定義する1文があります。

　ここで少し注意が必要です。Windows APIの場合は、作業フォルダのパスを通さなくてもプログラムが参照することができるSystemフォルダに配置されているため、特にAPIの本体であるDLLファイルがどこに配置されているかを意識することなく、API関数を利用することができました。

　しかしpdftool.dllをExcelマクロファイルと同一フォルダに配置した場合、そのフォルダを作業フォルダに設定する必要があります。作業フォルダを設定することで、プログラムはpdftool.dllを参照できるようになります。

　さらに1点、このpdftool.dllが変換可能なPDFファイルは、バージョンが限定されています。そのため、PDFファイルをバイナリで開き、バージョン情報を書き変える必要があります。少々難易度の高いプログラムですが、上記クラスモジュールは汎用的に使えますので、Excel VBAでPDFファイルからテキストデータを抽出する際には、pdftool.dllとこのクラスモジュールを併せてご利用ください。

　このクラスモジュールが提供するメソッドは、GetText()メソッド1つだけです。このメソッドに対し、第1パラメーターにPDFファイルを、第2パラメーターに出力先のテキストファイルのパスを指定します。

　では、使用例を見てみましょう。このクラスモジュールを利用したサンプルプログラムは、次のとおりです。

◆Excel VBA

```
Option Explicit

'***************************************************************
'　関数名：PDFファイル解析サンプル
'　概要　：PDFファイルからテキストデータを取得し、テキストファイルに出力するサンプルです
'　引数　：なし
'　戻り値：なし
'***************************************************************
Sub PDFファイル解析サンプル()

    '作業ディレクトリをこのExcelマクロファイルと同一ディレクトリに変更します
```

4-5　PDFファイルを解析する　**185**

```vb
'※これがないと、pdftool.dllを読み込むことができません
ChDir ThisWorkbook.Path

'読み込むPDFファイルのパスを定義します
Dim pdfpath As String
pdfpath = ThisWorkbook.Path & "\pdf_sample.pdf"

'出力するテキストファイルのパスを定義します
Dim textpath As String
textpath = ThisWorkbook.Path & "\pdf_output.txt"

'PdfReaderクラスをインスタンス化します
Dim pr As New PdfReader

'PDFファイルからテキストデータを取得し、テキストファイルに出力します
Dim lngRet As Long
lngRet = pr.GetText(pdfpath, textpath)

'結果を表示します
Select Case lngRet
Case 1: MsgBox "出力しました"
Case -2: MsgBox "PDFファイルが暗号化されています"
Case Else: MsgBox "失敗しました"
End Select

End Sub
```

　まずは関数の冒頭にて、作業フォルダをこのExcelマクロファイルがあるフォルダに変更します。先ほども説明しましたが、pdftool.dllをExcel VBAから参照するためです。このサンプルプログラムはExcelマクロファイルと同一フォルダにpdftool.dllが配置されていることを前提としていますが、他のフォルダにpdftool.dllを配置した場合は、そのフォルダを作業フォルダとして定義する必要があります。

PdfReaderクラスの使い方については、前述のとおりです。第1パラメーターにPDFファイルのパスを、第2パラメーターにテキストファイルの出力先のパスを指定します。PdfReaderクラスのGetText()メソッドの実行結果は、1であれば正常終了とみなします。-2であれば、PDFファイルが暗号化されているため、テキスト変換に失敗したことを表します。-1であれば、そのほかの理由により、テキストファイルの変換に失敗したことを表します。

　さて、PDFファイルをテキストファイルに変換することに成功したら、あとは出力されたテキストファイルを解析するだけです。これ以上の説明は特に不要でしょう。

> **この節のまとめ**
> - PDFファイルはバイナリファイルであるため、テキストエディタで開くことはできない
> - 本書では、pdftool.dllを利用することで、PDFファイルをテキストファイルに変換するサンプルプログラムを紹介
> - pdftool.dllを利用する場合、そのDLLファイルが存在するパスをChDir()関数にて作業フォルダとして定義する必要がある

4-6
WORDファイルを解析する

本節では、Excelアプリケーション同様、代表的なMicrosoft Office製品の1つであるWordアプリケーションで作成されたWordドキュメントファイルをExcel VBAから操作する方法について見てみましょう。

サンプルプログラムとその解説

　WordドキュメントやExcelファイルも、バイナリファイルです。そのため、Excel VBAによるテキストデータの文字列解析ができません。しかし、Excel VBAであればこれらのMicrosoft Office製品によって作成されたファイルの解析は容易です。それには、Microsoft社が提供するWordドキュメントファイルを外部アプリから操作するためのCOMを利用します。以降の章で、Wordドキュメントを利用して文書を「分かち書き」する方法についても取り上げますので、ぜひとも本章でExcel VBAからのWordドキュメントファイルの操作に慣れておきましょう。
　このサンプルプログラムは、Excelマクロファイルと同じフォルダに存在する"docx_sample.docx"からテキストデータを取得し、その内容をメッセージ表示します。

◆Excel VBA

```
Option Explicit


'*************************************************************
'  関数名：DOCXファイル解析サンプル
'  概要  ：DOCXファイルを解析します
```

```vb
'  引数  ：なし
'  戻り値：なし
'*************************************************************
Sub DOCXファイル解析サンプル()

    '読み取るWord文書のパスを定義します
    Dim fpath As String
    fpath = ThisWorkbook.Path & "\docx_sample.docx"

    '変数objWordを宣言します
    Dim objWord As Object

    'objWordにWordアプリケーションのオブジェクトをセットします
    Set objWord = CreateObject("Word.Application")

    '変数objDocを宣言します
    Dim objDoc As Object

    'objDocにTEST.DOCXのオブジェクトをセットします
    Set objDoc = objWord.Documents.Open(fpath)

    'TEST.DOCXを選択します
    objDoc.Select

    'TEST.DOCXの内容を表示します
    Call MsgBox(objWord.Selection.Text)

    'TEST.DOCXを閉じます
    objDoc.Close

    'Wordアプリケーションを終了します
    objWord.Quit
```

4-6　WORDファイルを解析する

End Sub

このサンプルプログラムを実行すると、次のような結果が得られます。

▼実行結果

前述のとおり、Word文書の制御は、Microsoftが提供するWordアプリケーションのCOMを使用します。本書のサンプルでは、CreateObject()関数で動的に当該COMを参照していますが、プロジェクトから参照設定する場合、「Microsoft Word x.xx Object Library」(x.xxはバージョン) を選択します。

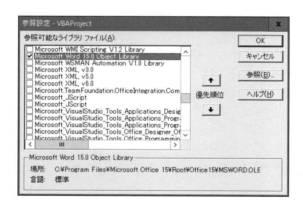

この場合もExcelアプリケーションの制御と同様、選択したバージョンよりも古いバージョンのMicrosoft Officeがインストールされている環境では動作しません。Microsoft Officeのバージョンに依存しないようにするには、CreateObject()関数で動的にCOMを参照する方が良いでしょう。

このサンプルプログラムでは、最初に制御するWord文書のフルパスを定義してい

ます。Word文書をExcel VBAで読み込む箇所は、その次です。

```
'変数objWordを宣言します
Dim objWord As Object

'objWordにWordアプリケーションのオブジェクトをセットします
Set objWord = CreateObject("Word.Application")

'変数objDocを宣言します
Dim objDoc As Object

'objDocにSAMPLE.DOCXのオブジェクトをセットします
Set objDoc = objWord.Documents.Open(fpath)
```

　まず、COM参照により取得するWordアプリケーションの実体を格納する変数「objWord」を定義します。続いて、CreateObject()関数によってWordアプリケーションの実体を取得します。Wordアプリケーションを制御する場合、CreateObject()関数の引数に渡すprogidの文字列は、"Word.Application"です。
　さて、次はWord文書を格納する変数「objDoc」を定義します。Word文書を開くには、Wordアプリケーションのインスタンスより、Documents.Open()メソッドに開きたいWord文書のフルパスを指定することで、当該Word文書を開くことができます。Documents.Open()メソッドは、その戻り値にWord文書の実体が返ります。
　Word文書を開いたら、その内容を読み込み、メッセージに表示します。

```
'SAMPLE.DOCXを選択します
objDoc.Select

'SAMPLE.DOCXの内容を表示します
Call MsgBox(objWord.Selection.Text)
```

　手順としては、Word文書のインスタンスより、Select()メソッドを実行し、Word文書の内容を全選択します。その後、同じくWord文書のインスタンスより、

Selection.Textプロパティを参照すると、現在選択されているWord文書の内容にてテキストデータを取得できますので、それをそのままメッセージに表示しています。

　Word文書の読み込みが完了したら、後始末です。現在開いているWord文書を閉じ、さらにWordアプリケーションを終了します。

```
'SAMPLE.DOCXを閉じます
objDoc.Close

'Wordアプリケーションを終了します
objWord.Quit
```

　開いているWord文書を閉じるのは、Word文書のインスタンスよりClose()メソッドを、Wordアプリケーションを閉じるのは、WordアプリケーションのインスタンスよりQuit()メソッドを実行します。

> **この節のまとめ**
> ・Wordドキュメントの操作には、WordアプリケーションのCOMを参照設定する必要がある
> ・COMの参照設定は、事前にプロジェクトで参照設定しておく方法と、プログラムの内部で動的に参照設定する方法がある
> ・Excelアプリケーションの場合と同様、Wordドキュメントファイルの操作終了後には後始末が必要

4-7
改行文字の違い

改行位置は、プログラムには文字コードが割り当てられた文字として扱われます。その文字コードには、3つの種類があります。文章によって適切な文字コードで改行位置を求めなければ、改行を認識できない可能性があるので注意が必要です。

改行コードの種類

　文字列において、改行やタブなどの特殊な文字のことを、制御文字と言います。たとえば、改行は文字コードが割り当てられた文字であり、これを改行文字や改行コードと言います。改行コードは、以下の3つに分類されます。

・CrLf　キャリッジリターン・ラインフィールド
・Cr　　キャリッジリターン
・Lf　　ラインフィールド

　WindowsOSの場合、もっともよく利用する改行コードは「CrLf」でしょう。
　文字列に改行を挟んで連結したり、行の終了位置を取得するために利用することができます。
　基本的には「改行はCrLf」と考えてよいのですが、実はCr（行頭復帰、文字コード13）とLf（行送り、文字コード10）という、いずれも単独で改行文字として使用され得る2つの制御文字の組み合わせになっていることを知っておくべきでしょう。
　特にワークシートでセルを編集中に、Alt+Enterキーを押すなどして改行を入力した場合、CrLfではなくLfとなる点に注意が必要です。たとえば、セル内の文字列を改行で区切って配列の各要素に分割するような処理を記述するとき、区切り文字とし

4-7　改行文字の違い（VbCrLf、VbLf、VbCr）　**193**

てCrLfを指定しても、意図した動作にはならない可能性があります。

　ちなみに、CrやLfはタイプライターのしくみに由来しています。Crは「キャリッジリターン」のことで、印字位置が行頭の位置になるように用紙を移動する動作です。Lfは「ラインフィールド」のことで、紙を行数分送ることを意味します。

　WindowsOSの標準はCrLfのため、Windowsの「メモ帳」で改行コードがCrやLfのテキストファイルを開くと、次のように改行が認識されません。

　またExcel VBAでも、適切な改行コードを指定しなければ改行位置を取得できませ

ん。例として、次のExcel VBAの動作を検証してみてください。

◆Excel VBA

```
Option Explicit

Sub 改行コードvbCrLfで分割()

    'ファイルパスを格納する変数を定義します
    Dim filePath As String


    '※
    '3つのファイルを読み込ませ、動作を確認してみてください
    filePath = ThisWorkbook.Path & "\vbCrLf.txt"
'    filePath = ThisWorkbook.Path & "\vbCr.txt"
'    filePath = ThisWorkbook.Path & "\vbLf.txt"


    'Scripting.FileSystemObjectのインスタンスを定義します
    Dim fso As Object
    Set fso = CreateObject("Scripting.FileSystemObject")

    'テキストファイルのインスタンスを取得します
    Dim f As Object
    Set f = fso.OpenTextFile(filePath)

    'ファイルを読み込みます
    Dim s As String
    s = f.ReadAll

    '読み込んだ内容を改行コードで分割して配列に格納します
    Dim sLines As Variant
```

```
    '※
    '3つのファイルごとに、改行コードを変えてみてください
    sLines = Split(s, vbCrLf)
'    sLines = Split(s, vbCr)
'    sLines = Split(s, vbLf)


    '配列の内容を1つずつメッセージ表示します
    Dim i As Integer
    For i = 0 To UBound(sLines) - 1
        MsgBox sLines(i)
    Next i

End Sub
```

```
    '※
    '3つのファイルを読み込ませ、動作を確認してみてください
    filePath = ThisWorkbook.Path & "\vbCrLf.txt"
'    filePath = ThisWorkbook.Path & "\vbCr.txt"
'    filePath = ThisWorkbook.Path & "\vbLf.txt"
```

の箇所にて、読み込ませるテキストファイルを選び、

```
    '※
    '3つのファイルごとに、改行コードを変えてみてください
    sLines = Split(s, vbCrLf)
'    sLines = Split(s, vbCr)
'    sLines = Split(s, vbLf)
```

で改行コードを変えてみてください。

挙動としては、次のマトリックスのようになります。

		Split()関数		
		vbCrLf	vbCr	vbLf
テキストファイル	vbCrLf	○	○	○
	vbCr	○	○	×
	vbLf	○	×	○

ひとつ、注意が必要なのが、WindowsOS標準の改行コードにするために、CRやLFをCRLFに置換する場合です。
　CRLFをもとに改行位置を求めるロジックを通すため、上記の処理を実装する場合もあるでしょう。それには、次のようなロジックになるかと思います。

```
'改行コード「CR」を「CRLF」に置換します
sAf = Replace(sBf, vbCr, vbCrLf)
```

もしくは

```
'改行コード「LF」を「CRLF」に置換します
sAf = Replace(sBf, vbLf, vbCrLf)
```

しかし、すでにCRLFの改行コードに対し、上記ロジックを通した場合はどうなるでしょうか。つまり、文字列型変数「sBf」には、CRLFの改行コードが含まれているとします。

```
'変数「sBf」を定義し、文字列を代入します
Dim sBf As String
sBf = ""
sBf = sBf & "本日は" & vbCrLf
sBf = sBf & "晴天なり"

'改行コード「LF」を「CRLF」に置換します
```

4-7　改行文字の違い（VbCrLf、VbLf、VbCr）　**197**

```
Dim sAf As String
sAf = Replace(sBf, vbLf, vbCrLf)

'置換後の文字列を表示します
MsgBox sAf
```

上記ロジックを実際に実行すると、次のようになります。

なんと、"本日は"の文字列と、"晴天なり"の文字列の間に、2回も改行されてしまいました。なぜでしょう？

CRLFは、CRとLFが合わさってできた文字コードであるのは前述のとおりです。つまり、LFをCRLFに置換することにより、「CRLF」が「CR」と「CRLF」になってしまったのです。要は、文字コードの違う2つの改行になってしまいました。

実際、この3つの改行コードの長さを求めてみましょう。長さを求めるには、Len()関数を使用します。

```
'メッセージ表示する文字列を定義します
Dim msg As String
msg = ""

'CRLFの長さを取得します
msg = msg & "CRLF: " & CStr(Len(vbCrLf)) & vbCrLf

'CRの長さを取得します
msg = msg & "CR  : " & CStr(Len(vbCr)) & vbCrLf
```

```
'LFの長さを取得します
msg = msg & "LF  : " & CStr(Len(vbLf)) & vbCrLf

'メッセージ表示します
MsgBox msg
```

これを実行すると、次のような結果が得られます。

　特に、クローリングによって収集したデータは、Windows OSで生成されたCRLFによる改行コードのテキストファイルばかりではありません。MacOS（標準の改行コードはCR）の場合もありますし、Unix系OS（標準の改行コードはLF）の場合もあるので、文書に応じて改行コードを適切に処理する必要があります。

> **この節のまとめ**
> ・改行は、改行コードや改行文字と呼ばれ、通常の文字と同様に文字コードが割り当てられている
> ・改行コードには、「CRLF」「CR」「LF」の3種類がある
> ・Windows OS標準の改行コードは「CRLF」、MacOS標準の改行コードは「CR」、Unix系OS標準の改行コードは「LF」

4-8
Unicodeのテキストファイルを読み込むには

コンピューターが文字列を扱う際、文字データは文字コードと呼ばれる数値データに変換され、処理されています。文字コードへの変換は複数の種類があるため、その種類に応じた適切な文字解析を行う必要があります。

文字コードとエンコーディング

　Webサイトを見ていると、稀に文字化けしているサイトを見かけます。
　下記サイトは、中国語のWebサイトではありません。著者が管理している「ikachi」サイトでブラウザの文字コードを（あえて）変更し、文字化けを発生させました。

　上記の例では無理やり発生させた文字化けですが、それ以外には、Webサイトを

200　第4章　さまざまなファイルを解析する

構築するHTMLにてそのHTMLファイルの文字コードが正しく指定されていないため、ブラウザで本来の文字コードを認識できないというのが文字化けにおける多くの原因です。

そのため、ブラウザの機能で本来の文字コードを手動で選択し直してあげることで、文字化けが解消されることがあります。

さて、文字コードについて、もう少し詳しく説明します。

冒頭の説明にて、文字コードとは、コンピューターが文字列を扱う際、コンピューターが文字列を認識できるように、文字データを数値データに変換したものであると説明しました。

この「文字データから数値データの変換」には、さまざまな規約があります。その規約によっては、同一文字データであっても違った数値データに変換されます。

そのため、コンピューターに文字データを認識させる際は、適用する規約をあらかじめコンピューターに伝えておく必要があるのです。この規約が、「エンコード」と呼ばれています。

つまり、コンピューターに文字データを認識させる場合は、文字データのほかにエンコードを伝えておく必要があるのです。

上記のWebサイトの文字化けについては、ブラウザー側が文字データを認識する際、正しいエンコードが伝わっていなかったため、本来表示したかった文字とは違った文字が表示されたのです。これが、「文字化け」と呼ばれる現象です。

エンコードには、さまざまな種類が存在することは前述のとおりですが、日本語における一般的なエンコードは、大きく分けて以下の2つに分類されます。

・JIS X 0208 文字集合が基本となっているもの
　（ISO-2022-JP／Shift-JIS／EUC-JP）

・Unicode文字集合が基本となっているもの
　（UTF-8／UTF-16）

さて、Windowsパソコンの標準となる文字コードは、Shift-JISです。たとえばWindows標準の「メモ帳」を使用してテキストファイルを作成すると、そのテキストファイルのエンコードはShift-JISとなります。

Excel VBAの場合の、プログラムの内部で用いられている文字コードはShift-JISで

す。そのため、Shift-JIS以外の文字コードで表現されているテキストファイルをExcel VBAのプログラミングで読み込んだ場合、変数に格納した時点ですでに文字化けしています。

たとえ変数のデータ型がVariant型であっても、文字化けを防ぐことはできません。それではExcel VBAでShift-JIS以外の文字コードを扱う場合はどうすればよいでしょうか。Shift-JIS以外の文字コードを扱う場合、その文章の文字コードをShift-JISに変換する必要があります。

例を見てみましょう。まずは、文字コードを気にせずにUnicodeで書かれたテキストファイルを読み込んでみます。サンプルプログラムは、次のとおりです。

◆Excel VBA

```
Option Explicit


'***********************************************************
'  関数名：テキスト読み込み1
'  概要　：テキストファイルをShift-JISで読み込む
'  引数　：なし
'  戻り値：なし
'***********************************************************
Sub テキスト読み込み1()
```

```
    '読み込むファイルのフルパス
    Dim filePath As String
    filePath = ThisWorkbook.Path & "\UTF8.txt"

    'FileSystemObjectのインスタンスを定義
    Dim fso As Object
    Set fso = CreateObject("Scripting.FileSystemObject")

    'ファイルを読み込み
    Dim objFile As Object
    Set objFile = fso.OpenTextFile(filePath)

    '読み込んだ内容を表示
    MsgBox objFile.ReadAll

    'ファイルを閉じる
    objFile.Close

End Sub
```

　Excel VBAでテキストファイルを読み込む方法はさまざまですが、本書ではScripting.FileSystemObjectのOpenTextFile()メソッドで取得したテキストファイルオブジェクトのReadAll()メソッドにて、テキストファイルを読み込んでいます。これについては特に説明はいらないでしょう。この関数を実行してUnicodeのテキストファイルを読み込んだ場合、次のような結果が得られます。

文字化けしていて、何が書いてあるのかまったくわかりません。では、今度は Excel VBAでUnicodeのテキストファイルを読み込むための方法を見てみましょう。

Excel VBAでUnicodeのテキストファイルを読み込むには、ADODB.Streamを利用します。以下のサンプルコードをご覧ください。

◆Excel VBA

```
Option Explicit

'**************************************************************
' 関数名：テキスト読み込み2
' 概要  ：テキストファイルをUTF-8で読み込む
' 引数  ：なし
' 戻り値：なし
'**************************************************************
Sub テキスト読み込み2()

    '読み込むファイルのフルパス
    Dim filePath As String
    filePath = ThisWorkbook.Path & "\UTF8.txt"

    'ADODB.Streamをインスタンス化
    Dim sr As Object
    Set sr = CreateObject("ADODB.Stream")

    'ファイルをUTF-8で読み込み
    sr.Charset = "UTF-8"
    sr.Open
    sr.LoadFromFile filePath

    '読み込んだ内容を表示
    MsgBox sr.ReadText
```

```
    'ファイルを閉じる
    sr.Close

End Sub
```

この関数を使うと、先ほど文字化けしてしまったUnicodeのテキストファイルが正しく読み込まれているのが確認できます。

サロゲートペア文字について

　文字コードは、非常に厄介な存在です。先ほども述べましたが、日本語環境におけるWindowsの標準の文字コードは、Shift-JISです。VBEも、Shift-JISです。そのため、プログラム内にUnicodeにしか対応していない第三・第四水準の漢字を使用することはできません。
　第三・第四水準の漢字とは、日本の行政面において使用されている漢字（例えば人名や地名等）をコンピューター上でも使用できるようにするというコンセプトから新たに制定された漢字のことです。
　コンピューター上で漢字を扱う際には、漢字コードという識別子が用いられます。漢字コードとは、日本工業規格（JIS規格）が定めた漢字リストで、漢字を一意に識別するためのコードのことを意味します。当初、第一・二水準の漢字コードが制定されましたが、それでも使用可能な文字が足りないという理由により、第三・四水準漢字コードが追加で制定されました。
　第三・四水準漢字は、正しくは「JIS X 0212-1990」と「JIS X 0213: 2000」という規格名が付いています。またJIS漢字コードも、正しくは「7ビット及び8ビットの2バイト情報交換用符号化拡張漢字集合」という名称が付いています。特に、第三・

四水準漢字は「高水準文字」とも呼ばれています。

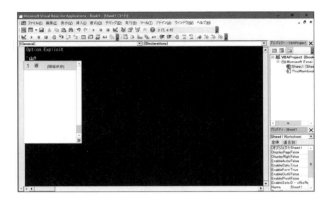

　さらに、このUnicodeのなかには、「1文字なのに2文字分として扱われてしまう」という奇妙な文字があります。これは、「サロゲートペア文字」と呼ばれています。
　それでは、このサロゲートペア文字の例を見てみることにしましょう。
前述のとおり、VBEはShift-JISのため、検証はUnicodeで作成したVBScriptで行います。サロゲートペア文字について、Len()関数でその文字の長さを取得するだけのスクリプトです。

◆**VBScript（Surrogate pairs.vbs）**

```
'サロゲートペア文字の検証
'※
'このスクリプトは、Unicode（UTF-16）で保存されています
'Shift-JISでは、サロゲートペア文字を扱うことはできません
Option Explicit

'サロゲートペア文字ではない文字の長さ
Dim L1
L1 = Len("山崎")


Call MsgBox(CStr(L1))
```

```
'サロゲートペア文字の長さ
Dim L2
L2 = Len("山碕")

Call MsgBox(CStr(L2))
```

　VBScriptは、VBAをさらに簡単にしたような言語仕様で、VBAの経験者なら、「VBScriptが初めて」という方でも容易に習得できるでしょう。
　さて、このスクリプトを実行したとき、最初に表示されるメッセージの内容は「2」、次に表示されるメッセージの内容は「3」です。違いは、2文字めの漢字です。後者のメッセージボックスで使用される2文字目の"さき"の漢字が、いわゆる「サロゲートペア文字」に該当します。
　前述のとおり、サロゲートペア文字は「1文字なのに2文字分として扱われてしまう」ので、このような結果となってしまうのです。
　サロゲートペア文字が必要とされた理由は、従来の2バイトで1文字を表現する方法では、表現できる文字数が足りなくなってきたため、1文字を4バイトで表現する文字（サロゲートペア文字）が生み出されました。
　ちなみに、VBE上でサロゲートペア文字を使用しようとすると、次のように「?」マークも2文字分表示されます。

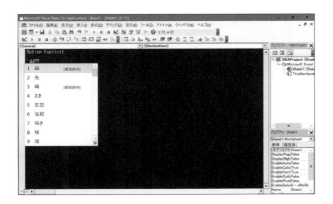

　Excel VBAでサロゲートペア文字に対してLen()関数を実行した場合も、VBScriptと同じ結果となります。

4-8　Unicodeのテキストファイルを読み込むには　**207**

スクレイピングを行った際、サロゲートペア文字が問題となる可能性があるのは、文字データの長さを用いた処理を行う場合です。上記サンプルのように文字データの長さを求めたり、Mid()関数を用いて必要な文字列だけを抜き取る場合に、正しい文字数を求めることができずに予想外の結果が出る恐れがあります。

●サロゲートペア文字一覧

丈土堅壥嬺叱安崚昇榎橡臀埶馥砥碕秄竃籭艾葡蘓袮躬轢鶲ヽ斥
𦥑へ倆儸僁僽僭嶷𠂉浴八剱劉仚勳斗卓亠叺咾喜嘮噂嘘噛圍圷圸
圠圼垀埖埧埮増夫莫敏姙孛屎屹𡶛𡶡𡷛岾峅峵岼舛挍嶢崋嶹嵒
幔廻弖恵濾憓戈挈挵扮挶揵掎擽㫋旯勖腰朽朳枌柆杝柢柧梓
柎栬桄栐榑橫橤標橓橫楓樇樣檀檅欅殳汄汨湼涏添湘滝澎瀾炬灬
燹萃犮犺犾厓罠叺疒瘍瘆瘋瘶盃盺眸睨瞼晬瞞曙矵砦磋耗稀窈竽
笁笂箘築篠来粭料畓鄒棟糝無糖紵綾紃䋝赫緺緭囗罠主羡我胜脇
臍臚臨臼與䗼航䑨艪艫亢葛蕻舊蟇蘋蕕犪譏蛩毂置蟥蟲社礼衱裄
褝鴴褧訛䛀𧖟䴇貀賣賦𧾷踊蹈鷃輒辛廸迺遵䢏邨鈿鈥鈭鉸鏥
鍋鍚鏉鏀鏄錬鎮鐌鐯閑閻闕區阡跎隨隤雛靭鞾䪷嵐倉鲍饒
饐駢骯鮑鮖鮎鯥鯒鯰鱒鴬鴇鴡䳾鴪鷺黎䵷齠齣齫齱

この節のまとめ

・文字データを取得には、適切な文字データの指定が必要
・Windows OS標準のエンコードはShift-JISであるため、それ以外のエンコードを扱う場合は、ADODB.Streamを使用する
・Excel VBAの文字列操作関数では、本来は1文字であるにもかかわらず、2文字分の長さとなってしまう「サロゲートペア文字」という文字が存在する

COLUMN

大量のエクセルファイルをCSVファイルに変換する

　ExcelVBAでCSVファイルを解析する方法は、4章の4節にて説明しました。エクセルファイルをCSVファイルに変換して保存しなおしたことはあるでしょうか。
　ExcelファイルをCSV形式で保存するには、「ファイル」メニューから「名前を付けて保存」を選択し、表示されたダイアログにて「ファイルの種類」から[CSV（コンマ区切り）(.csv)]を選択します。

　CSVファイルをExcelアプリケーションで保存する際、複数のシートが存在する場合はCSV形式が複数のシートをサポートしていない旨の確認メッセージが表示されます。「OK」ボタンをクリックすると、前面に表示されているシートのみがCSV形式で保存されます。
　しかし、複数のExcelファイル、あるいは複数のワークシートがある場合、これらを1シートずつCSVファイルに変換するのは、非常に手間がかかります。著者も業務で複数のExcelファイルを一気にCSVファイルに変換しなければならないことがあり、その際にその変換作業を自動化するツールを開発しました。
　当該ツールは、著者が管理するWebサイトからダウンロードすることができます。

フリープログラミング団体いかちソフトウェア　Excel一括CSV
http://www.ikachi.org/software/exceltocsv.html

　上記URLを表示したら、当該ページにて「ソフトウェアダウンロード」をクリックします。ツールはZIP形式で圧縮されていますので、任意のフォルダに解凍してください。
　使い方は、ツールを起動してCSVファイルに変換したいExcelファイルをまとめてツール上にドラッグ＆ドロップするだけです。すると、Excelファイルと同一フォルダに「_csvfiles」というフォルダを作成し、その中に

　　　　[ファイル名]_[シート名].csv

というファイル名でCSVファイルを一気に作成します。

　Excelファイルの数が多いほど、またシートの数が多いほど、便利なツールです。ご利用いただければ幸いです。

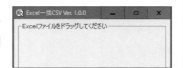

4章のおさらい

　本章では、HTMLドキュメント以外のさまざまなファイルをスクレイピングする方法について解説しました。
　ファイルは、大きく2つの種類に分けることができます。1つはテキストファイル、もう1つはバイナリファイルです。
　テキストファイルには、HTML／XML／CSV／JSONなどが該当します。バイナリファイルには、PDF／DOCX／XLSXなどが該当します。
　テキストファイルであれば、たとえどのようなファイル形式であったとしても、文字列関数を駆使することで解析が可能です。しかし、本書で取り扱ったような一般的なフォーマットのテキストファイルであれば、解析を容易にするCOMが提供されており、それを利用した方が効率よくスクレイピングを行うことができるでしょう。
　バイナリファイルの場合は逆に、COM等によって何らかの形でバイナリファイルをテキストファイル等に変換する手段がなければ、Excel VBA単体で当該ファイルを読み込むことはできません。

第 5 章

クローリング／スクレイピングの運用について

本章では、クローリングやスクレイピングを実際に運用する方法について説明します。その際、さまざまな用途における環境構築が必要となります。
具体的に、本章では次のような内容を取り扱います。

- 指定したURLが存在するかをチェックする
- 同じURLを何度もクローリングしないようにする
- クローリングを同時に進行する
- クローリングした内容をデータベースに保存する
- 定期的にクローリング／スクレイピングする
- クローラーにエラーが発生した場合の対処

5-1
指定したURLが存在するかを
チェックする

クローリング先のURLがすでに存在しなくなっていた場合、それに気づかずに、「404 not found：お探しのページは見つかりませんでした」のページをクローラーが収集してくるかもしれません。本節では、URLが存在するかどうかチェックする方法を説明します。

404「not found」エラーをクローリングしないようにする

　存在しないURLを指定した場合、HTTPステータスコードは「404」エラー（not found）を返します。ドメインによっては指定したURLが存在しない場合、あらかじめ用意されているWebページに誘導するようになっているものもありますが、そのために意図しなかった404エラー時のWebページのクローリングを始めてしまうかもしれません。

　そのため、URLの存在チェックを行うテクニックを本節で紹介します。

▼ソシム社のWebサイトのnot found

サンプルプログラムとその解説

サンプルプログラムは、次のとおりです。

◆Excel VBA

```
'************************************************************
' 関数名：IsExistsURL
' 概要　：指定されたURLが存在するかどうかをチェックします
' 引数　：[url]...存在チェックを行うURL
' 戻り値：URLが存在する場合はTrue、存在しない場合はFalse
'************************************************************
Private Function IsExistsURL(ByVal url As String) As Boolean

    'DisplayAlertsプロパティの値を記憶
    Dim da As Boolean
    da = ThisWorkbook.Application.DisplayAlerts

    '警告を表示しないようにします
    ThisWorkbook.Application.DisplayAlerts = False

    'エラーが発生した場合も処理を続行します
    On Error Resume Next

    '引数に指定されたURLをExcelで開きます
    Dim tmp As New Workbook
    Set tmp = Workbooks.Open(Filename:=url)

    'エラー番号に着目します
    Select Case Err.Number
    Case 0:         'エラーが発生しなかった場合
        IsExistsURL = True
```

5-1 指定したURLが存在するかをチェックする

```
        Case 1004:    'URLが存在しない場合
            IsExistsURL = False

        Case Else:    'その他の要因によるエラーが発生した場合
            Call MsgBox(CStr(Err.Number) & ": " & Err.
Description, vbCritical + vbOKOnly)
            IsExistsURL = False
    End Select

    'URLを開いているWorkbookを閉じます
    tmp.Close

    'DisplayAlertsプロパティを元に戻します
    ThisWorkbook.Application.DisplayAlerts = da

    'エラー処理を通常に戻します
    On Error GoTo 0

End Function
```

　このサンプルプログラムのIsExistsURL()関数は、引数に指定したURLの存在チェックを行い、URLが存在する場合は論理型の真（True）を、URLが存在しなければ論理型の偽（False）を返します。
　たとえば、次のように指定します。

◆Excel VBA

```
    '検証するURLを定義します
    Const 検証URL As String = "http://ikachi.org/index.html"
'存在する例
    'Const 検証URL As String = "https://ikachi.org/index.
```

```
html"    '存在しない例

    'IsExistsURL()関数でURLの存在チェックを行います
    If (IsExistsURL(検証URL)) Then
        MsgBox "URLは存在します"
    Else
        MsgBox "URLは存在しませんでした"
    End If
```

▼URLが存在する場合

▼URLが存在しない場合

　サンプルプログラムでは、URLの存在チェックを行うたびに新たなワークブックを生成し、そのつど終了させるため、新しいURLをクローリングするたびにこのIsExistsURL()関数でURLの存在チェックを行っていたのでは無駄が多すぎます。クローリングするドメインにもよりますが、404 not foundエラーが発生した場合、あらかじめ用意されているWebページを表示するしくみになっているのであれば、そのWebページのURLとクローリング後のURLが等しいかどうかを比較して検証するといった方法もあります。この方法ならば、条件が限定されますが、Webページを2度開き直す必要はありませんので、前者の場合よりも高速です。

> **この節のまとめ**
> - Webサイトによっては、404 not foundエラーが発生した場合、あらかじめ用意されているWebページが表示されるようになっている場合がある
> - 指定のURLをExcelワークブックで開くことにより、存在しないURLかどうかをエラーの有無で判断可能
> - 404 not foundであらかじめ用意されているWebページが表示されるタイプのWebサイトであれば、その404 not foundのWebページが表示されているかどうかで判断することも可能

COLUMN

クローリングデータをシートに保存するのはアリか？

　クローリング済みのURLの保存先として、先ほどはデータベースやテキストファイルがありますが、Excel VBAが記述されているシートを保存先とする方法もあります。

　この場合、マクロファイルを保存することで、クローリング済みのURLを記憶することができます。ただし、マクロファイルの最終更新日付がクローリングの都度、書き換わってしまいます。

　ファイルの最終更新日付だけをみて、うっかり新しいプログラムを古いプログラムで上書きしないように注意が必要です。

　また、クローリングの最中にエラーが発生し、マクロファイルが上書きできずに強制終了した場合、それまでクローリングしたURLも保存されずにメモリ上から消滅してしまいます。

　やはり本格的なクローラーを開発するのであれば、データベースの利用をお勧めします。データベースの利用については、本章の4節で詳しく説明しますので、そちらをご参考にしていただければと思います。

5-2
同じURLを何度もクローリング しないようにするために

HTMLの<a>タグを解析することによりWebページのリンク先を取得し、そのリンク先を閲覧してさらに<a>タグを解析すれば、Webページを次々にクローリングし続けることができるのは前章にて説明しました。しかし、少し工夫をしないと、同じWebページを何度も閲覧し続けることになります。

クローリングで永久ループ？

　クローラーには、一度読みこんだWebページを再度読み込まないようにするしくみを設けなければ大変なことになります。どのようなことが起こるのか、具体的な例を見てみましょう。

　私が管理する任意団体のWebサイトには、各ページにトップページへのリンクがあります。たとえば、下は当該サイトの1ページです。このWebページにおいて、ページ左上の「ikachi.org」の画像と、「フリープログラミングについて」の右側にある「トップ」の文字のリンク先は、当該サイトのトップページへのリンクとなっています。

　同じWebページを複数回訪問しないようなしくみをクローラーに付けておかないと、何度もトップページを訪問してしまい、同じWebページを収集し続けて抜けられなくなってしまいます。

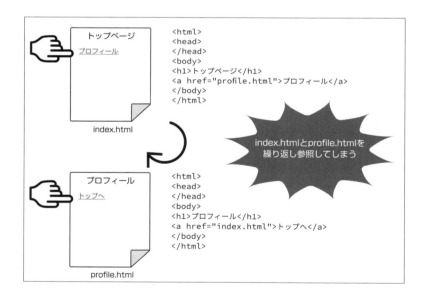

　このようなことにならないように、クローラーには一度訪問したWebページには訪問しないようにするしくみを設ける必要があります。

もっとも簡単な方法は、一度訪問したWebページのURLを文字列型の配列に記憶する方法です。<a>タグを解析してリンク先をクローリングする前に、その配列のすべての内容を確認することにより、一度訪問したWebページには訪問しないようにできます。

　ただし、この方法では、常時稼働させる予定のクローラーの場合、クローリング後に更新されたWebページを把握できません。また、プログラムを終了させた場合、配列に記憶していたURLがすべて消し飛んでしまいます。

　そのような場合は、クローリングしたURLをデータベースやテキストファイルに保存しておく必要があるでしょう。小規模なクローラーであれば保存先はテキストファイルでも十分かもしれませんが、ある程度の規模のクローラーを作成する場合、もしくは訪問するWebページがそれなりの量になる場合は、データベースへの保存をお勧めします。データベースへの保存であれば、訪問済みかどうかの判断が簡単な上、URLだけでなくHTMLの内容をすべてデータベースに保存しておくといった使い方も可能です。

　HTMLの内容をデータベースに保存しておけば、後で一括してスクレイピングすることもできます。

　データの保存先としてデータベースを利用する方法については、本章の4節以降で詳しく説明します。

　さて、本節では配列を利用したサンプルプログラムを紹介します。

　URLの保存先として配列を利用する場合、配列の長さはクローリングしたURLの数によって動的に変化させる必要があります。このように、要素の数が変化する配列のことを「動的配列」といいます。これに対し、要素の数が固定の配列のことを「静的配列」といいます。もちろん、静的配列にして要素数を膨大な数にしておくといった方法もあるかもしれませんが、スマートな方法とは言えません。動的配列の使い方について、特に疑問がなければ読み飛ばしていただいて構いません。

◆Excel VBA

```
Option Explicit


'--------------------------------
' 変数定義
'--------------------------------
```

```vb
Private VisitedURL() As String    '訪問済みサイトを記憶する動的配列


'***************************************************************
' 一度訪問したURLをメモリ上に記憶します
'***************************************************************
Sub URLを記憶する(ByVal url As String)

    '最大要素 + 1を取得します
    Dim maxIdx As Integer
    maxIdx = UBound(VisitedURL) + 1

    '配列の要素を1つ拡張します
    ReDim Preserve VisitedURL(maxIdx)

    '新たなURLをメモリ上 (配列) に記憶します
    VisitedURL(maxIdx) = url

End Sub


'***************************************************************
' 引数に指定したURLが訪問済みかどうかを返します
'***************************************************************
Function 訪問済みURLチェック(ByVal url As String) As Boolean

    '戻り値となる変数を定義します
    Dim b As Boolean
    b = False

    '引数に指定したURLが配列上に存在するかどうかをチェックします
    Dim i As Integer
    For i = 0 To UBound(VisitedURL)
        If (url = VisitedURL(i)) Then
```

```
            b = True
            Exit For
        End If
    Next i


    '戻り値をセットします
    訪問済みURLチェック = b

End Function


'*************************************************************
'  メモリ上に記憶したURLをクリアします
'*************************************************************
Sub 記憶したURLをクリア()

    '動的配列を初期化します
    ReDim Preserve VisitedURL(0)

End Sub
```

用意した関数は、3つです。それぞれの関数には、次の役割があります。

・URLを配列に記憶するための関数
・指定のURLが配列に記憶されているかどうかをチェックする関数
・配列に記憶したURLをクリアする関数

この3つの関数について、動的配列の使用に関する部分のみをピックアップして説明します。

まず、Privateスコープの文字列型配列「VisitedURL」を定義します。

```
Private VisitedURL() As String    '訪問済みサイトを記憶する動的配列
```

動的配列は、配列の要素数を指定しません。要素数は、使用のつど増やすことができます。
　要素数を増やすための関数が「URLを記憶する()」関数です。この関数は、引数に指定した文字列（URL）をPrivateスコープの文字列型配列「VisitedURL」に記憶します。要素数を増やすには、ReDimステートメントを使用します。

```
'配列の要素を1つ拡張します
ReDim Preserve VisitedURL(maxIdx)
```

　ReDimステートメントは、配列を再定義します。サンプルプログラムでは、変数「maxIdx」に配列の要素数の最大値を代入していますので、上記の記述は配列の最大要素を1つ増やす意味になります。
　配列のクリアは、ReDimステートメントで配列を要素0で再定義します。

```
'動的配列を初期化します
ReDim Preserve VisitedURL(0)
```

　さて、実際に上記のサンプルプログラムを検証してみましょう。以下の検証用関数を実行してみると、動的配列の使い方を理解できるかと思います。

◆Excel VBA

```
'*************************************************************
' サンプルテスト用
'*************************************************************
Sub testサンプル()

    'サンプルURLを定義します
    Const URL_YAHOO As String = "https://www.yahoo.co.jp/"
    Const URL_GOOGLE As String = "https://www.google.co.jp/"
    Const URL_MSN As String = "https://www.msn.co.jp/"
    Const URL_IKACHI As String = "http://www.ikachi.org/"
```

```
    'まずは、URLを記憶するメモリを初期化します
    Call 記憶したURLをクリア


    'まずは、いくつかのURLを記憶します
    Call URLを記憶する(URL_YAHOO)          'Yahoo!JapanのURLを記憶し
ます
    Call URLを記憶する(URL_GOOGLE)         'GoogleのURLを記憶します
    Call URLを記憶する(URL_MSN)            'MSNのURLを記憶します

    '記憶完了のメッセージを表示します
    Call MsgBox("メモリ上にURLを記憶しました。", vbExclamation)


    '訪問済みかどうかをチェックします(訪問していないURLの場合)
    If (訪問済みURLチェック(URL_IKACHI)) Then
        Call MsgBox(URL_IKACHI & "は訪問済みです。",
vbInformation)       '上記で記憶していないため、このメッセージは表示されません
    Else
        Call MsgBox(URL_IKACHI & "は訪問していません。",
vbInformation)  '上記で記憶していないため、このメッセージが表示されます
    End If


    '訪問済みかどうかをチェックします(訪問済みのURLの場合)
    If (訪問済みURLチェック(URL_GOOGLE)) Then
        Call MsgBox(URL_GOOGLE & "は訪問済みです。",
vbInformation)       '上記で記憶したため、このメッセージが表示されます
    Else
        Call MsgBox(URL_GOOGLE & "は訪問していません。",
vbInformation)  '上記で記憶したため、このメッセージは表示されません
    End If


    'URLを記憶するメモリを初期化します
    Call 記憶したURLをクリア
```

```
    '記憶完了のメッセージを表示します
    Call MsgBox("記憶しているURLをクリアしました。", vbExclamation)

    '訪問済みかどうかをチェックします(訪問済みのURLでしたが、配列を初期化しています)
    If (訪問済みURLチェック(URL_GOOGLE)) Then
        Call MsgBox(URL_GOOGLE & "は訪問済みです。", vbInformation)    '配列をクリアしたため、このメッセージは表示されません
    Else
        Call MsgBox(URL_GOOGLE & "は訪問していません。", vbInformation) '配列をクリアしたため、このメッセージが表示されます
    End If

End Sub
```

上記の検証用関数を実行すると、次のような結果が得られます。

①Yahoo!、Google、MSNのURLを
 記憶します(訪問したことにします)

②記憶していない(訪問していない)URL
 はクローリング対象です

③GoogleのURLはすでに記憶して
 いるためクローリング対象外です

④記憶しているURLをクリアしました

⑤GoogleのURLは記憶していないためクローリング対象です

　最初に、Yahoo!JAPAN、Google、MSNのWebサイトを動的配列に記憶します①。
　次に、"http://www.ikachi.org/"のWebサイトが動的配列に記憶されているかどうかを調べます②。このWebサイトは動的配列には記憶されていませんので、訪問していない旨のメッセージが表示されます。
　続いて、GoogleのWebサイトが動的配列に記憶されているかどうかを調べます③。GoogleのWebサイトは動的配列に記憶されていますので、すでに訪問済みであることを通知するメッセージが表示されます。
　その後、動的配列をクリアします④。
　クリア後、再度GoogleのWebサイトが動的配列に記憶されているかどうかを調べます⑤。動的配列はすでにクリア済みですので、訪問していない旨のメッセージが表示されます。

> **この節のまとめ**
> ・クローラーには、一度訪問したWebサイトかどうかを判断するしくみが必要
> ・訪問したWebサイトかどうかを判断するためのしくみとして、動的配列にURLを記憶する方法やデータベースにURLを記憶する方法などがある
> ・動的配列はデータベースよりも手軽だが、クローラーを終了させた時点ですべてクリアされてしまう

5-3
クローリングを同時進行するには

本節では、高速化のためにクローリングを複数同時に実行する方法について説明します。ほかのプログラミング言語であれば、マルチスレッドという機能があるのですが、Excel VBAにはその機能がありません。本書では、VBScriptを利用して、クローリングの並行処理を実装します。

マルチスレッドとは

　さまざまなプログラミング言語には、「マルチスレッド」という機能が実装されています。マルチスレッドとは、簡単に言ってしまえば、プログラムを同時に実行するための技術です。

　アプリケーションは通常、実行すると「プロセス」という処理の単位をコンピューターのメモリ上にロードします。そして、アプリケーションのプログラムが実行されるたび、プロセス内にスレッドという処理の単位を生成します。

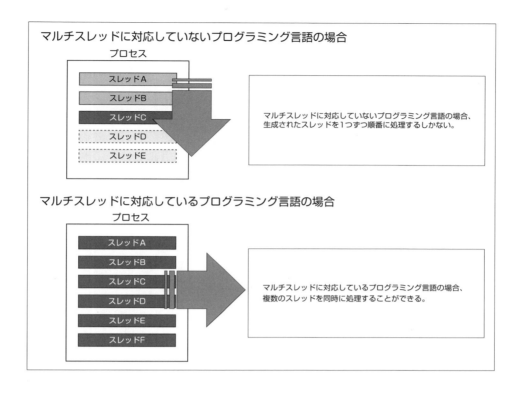

　この画像をご覧ください。コンピューター上のメモリのなかに、プロセスという処理単位が存在し、その中にスレッドという処理単位が存在します。

　マルチスレッドに対応していないプログラミング言語によって作成されたアプリケーションは、スレッドを1件ずつしか処理できません。1プロセスにつき1スレッドで処理が実行されます。1プロセスにつき1スレッドを処理する状態を、「シングルスレッド」と言います。

　これに対し、マルチスレッドに対応しているプログラミング言語によって生成されたアプリケーションは、複数のスレッドを同時に実行することができるため、シングルスレッドよりも全体的な処理を高速に行うことができます（もちろん、シングルスレッドの場合よりもメモリを多く使用します）。

　Excel VBAは、残念ながらマルチスレッドには対応していません。常に、シングルスレッドで処理が実行されます。

　特に、クローリングやスクレイピングを行う場合、マルチスレッドに対応したプログラミング言語の方が、短時間に多くのWebページからデータを収集できます。

ただし、マルチスレッドを利用して同一のWebサイトを複数のスレッドで同時にアクセスした場合、対象となったWebサイトのインターネットサーバーに多大な負荷をかけてしまう可能性があります。第1章でも詳しく説明しましたが、データの提供元に迷惑をかけないようなクローリングを配慮する必要があります。

Excel VBAで並行処理を実装するには

Excel VBAでマルチスレッドのように同時進行で処理を行いたい場合は、Excel VBAを複数同時に実行する方法や、WebサイトへのアクセスはExcel VBA以外の別プログラムに任せ、Excel VBAはその別プログラムを起動するだけにするなどの方法があります。

本書では、後者の方法を簡単に説明します。

Excel VBAから実行する別プログラムは、VBScriptで記述します。VBScriptは、Excel VBAのもとであるVisual Basicをさらに簡単にしたスクリプト言語ですので、Excel VBAを知っていればVBScriptの理解も容易でしょう。

実際に、VBScriptを連続実行することでマルチスレッドのような並行処理を行うサンプルプログラムを作成してみます。まずは、VBScript側を実装します。このVBScriptは、単にInternet Explorerで処理中ダイアログを表現し、10秒経過したら終了するだけのプログラムです。

◆VBScript

```
Option Explicit

'サンプル処理を実行します
Call StartSample


'*************************************************************
' 関数名：StartSample
' 概要　：サンプル処理を実行します
' 引数　：なし
' 戻り値：なし
```

```
'**************************************************************
Sub StartSample()

    '処理中ダイアログを表示します
    Dim f
    Call OpenProgress(f)

    '10秒間待機します
    WScript.Sleep 10000

    '処理中ダイアログを閉じます
    Call CloseProgress(f)

End Sub

'**************************************************************
' 関数名：OpenProgress
' 概要  ：処理中ダイアログを表示します
' 引数  ：[f]...Internet Explorerのインスタンス
' 戻り値：なし
'**************************************************************
Sub OpenProgress(ByRef f)

    'Internet Explorerを起動します
    Set f = CreateObject("InternetExplorer.Application")

    'URLを指定せず、ツールバーとステータスバーを非表示にします
    f.Navigate "about:blank"
    f.ToolBar = False
    f.StatusBar = False

    '処理中ダイアログのサイズを指定します
```

5-3 クローリングを同時進行するには

```
    f.Width = 400
    f.Height = 150
    f.Visible = 1

    'Internet Explorerのタイトルを指定します
    f.Document.Title = "サンプル　クローラー"

    '処理中ダイアログに見立てたInternet Explorerブラウザのデザインを指定
します
    Dim html
    html = ""
    html = html & "<title>サンプル　クローラー</title>"
    html = html & ""
    html = html & ""
    html = html & "<font face="" メイリオ""="">"
    html = html & "<p><center><b>クローリング中です...</b></center><p></p>"
    html = html & "<marquee scrollamount=50 truespeed=>□□□□□</marquee>"
    html = html & "</font>"
    html = html & ""
    html = html & ""
    f.Document.Body.InnerHTML = html

End Sub


'***********************************************************
' 関数名：CloseProgress
' 概要　：処理中ダイアログを閉じます
' 引数　：[f]...Internet Explorerのインスタンス
' 戻り値：なし
'***********************************************************
```

```
Sub CloseProgress(ByRef f)

    On Error Resume Next

    f.Quit
    Set f = Nothing

    If (Err.Number <> 0) Then
        Err.Clear
    End If

    On Error GoTo 0

End Sub
```

　ご覧のとおり、Excel VBAのソースコードと大差がないので、詳しい説明は不要でしょう。

　Internet Explorerを開き、10秒間経ったら閉じるだけです。表示するHTMLを内部的に生成していること以外は、すでに前章までにExcel VBAで同様の処理を行っています。

　Excel VBAとVBScriptの最大の違いは、VBScriptではデータ型を指定する必要がないことです。VBScriptの場合、逆にデータ型を指定するとエラーになります。すべてのデータ型は、Excel VBAでいうVariant型です。つまり、データ型がないとはいえ、たとえば内部的には文字列型か数値型かを判断して、「+」演算子による演算結果を文字列結合とみなすか加算とみなすかを判断します。また、VBScriptはただのテキストファイルですので、当然ですが、Excel VBAのようにCOM参照を事前に設定することはできません。CreateObject()関数等により、内部的にCOM参照を生成する必要があります。

　さて、上記のVBScriptをExcel VBAから連続実行させてみましょう。この動作を見れば、VBScriptを利用したExcel VBAからのマルチスレッド風クローリングのイメージがわきやすいかと思います。上記のVBScriptを連続実行するExcel VBAのサンプルコードは、次のとおりです。

◆Excel VBA

```
Option Explicit

'****************************************************************
' Excel VBAでマルチスレッドもどきの連続実行を実現します
'****************************************************************
Sub マルチスレッド風サンプル()

    '実行するVBScriptのパスを定義します
    Dim fpath As String
    fpath = ThisWorkbook.Path & "¥" & "show_progress.vbs"

    '上記のVBScriptを10回連続実行します
    Dim i As Integer
    For i = 0 To 9
        Shell "WScript.exe " & """" & fpath & """"
    Next i

End Sub
```

　VBScriptの実行は、VBScriptを実行するエンジンの本体であるWScript.exe（もしくはCScript.exe）をShellで起動し、そのパラメーターとしてVBScriptのパスを指定するだけです。

```
    Shell "WScript.exe " & """" & fpath & """"
```

　上記の場合、fpathにVBScriptのフルパスが格納されています。
　このサンプルマクロを実行すると、VBScriptが連続実行され、次のようにInternet Explorerで作成した処理中画面が10個起動します。

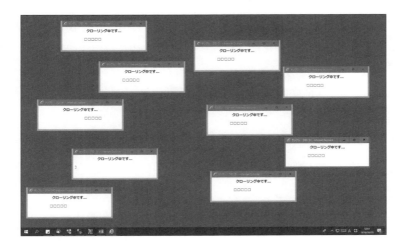

　このようにVBScriptを利用することで、Excel VBAでもマルチスレッドのように処理を並行して実行することが可能となります。

　この方法を利用してクローリングを並行処理する場合、まずは起動パラメーターとして指定されたURLを解析し、そのHTMLドキュメントをデータベースに記憶するVBScriptを作成します。VBScriptでクローリングする場合も、Excel VBAと同様、Internet Explorerを使用します。Excel VBA側は、VBScriptが収集したWebページのURLを定期的に監視し、まだ訪れていないWebサイトのHTMLドキュメントがあればそれを解析し、また新たなリンク先を見つけ出してクローリングします。

　これ以外にも、方法はいくつか考えられるでしょう。いずれにせよ、VBScript側にHTMLの取得やデータベース等のデータの保存といった処理を記述する必要性があります。

　もし、VBScriptについて本格的に学びたいと思った場合は、私の著した「Windows自動処理のためのWSHプログラミングガイド　増補改訂版」をおすすめします。VBScriptやJScriptの実行環境であるWSHについて解説した、おそらくもっとも新しい書籍です。この一冊で、前述の処理をVBScriptで記述することが容易に行えるようになるでしょう。

　このような方法を用いてでも、どうしてもクローリングを高速化する必然性があるのなら、前述の理由により、同一ドメインを同時にクローリングするのは避け、ドメインの違うサイトの場合のみ同時進行でクローリングするようにしましょう。

この節のまとめ

- 複数の処理を同時に実行する「マルチスレッド」という技術があるが、Excel VBAでは使えない
- かわりに、クローリングは別プログラムに任せ、Excel VBAからその別プログラムを連続して実行することで、マルチスレッドのような並行処理を実装可能
- 本書では、Excel VBAと同じVB系のプログラミング言語であるVBScriptで、並行処理のサンプルを作成した

5-4
データベースを利用する

クローリングで収集したデータの保存先として、データベースを利用するのも一考です。データをデータベースに保存しておけば、管理が容易です。本節では、Excel VBAからデータベースを利用する方法について説明します。

SQL Serverに接続

　データベースにはさまざまな種類のものがありますが、本書ではMicrosoft社が開発したSQL ServerデータベースとMicrosoft AccessデータベースをExcel VBAから利用する方法を説明します。
　まずは、SQL Serverデータベースに接続する方法について説明します。
　SQL Serverは、優れたツールが利用可能な高機能データベースです。SQL Serverには、有償版と無償版があります。無償版には、

・データベースサイズに制限がある
・有償版では利用可能な一部ツールが利用できない

などの制限はあるものの、クローリング結果の保存先として利用する程度であれば、無償版で十分でしょう。
　現在の主流となるデータベースは、リレーショナルデータベースとよばれる、データ構造を二次元の表で表すデータベースモデルです。上記2つのデータベースも、リレーショナルデータベースです。本書では、データベースに関する説明は行いませんが、リレーショナルデータベースに関する知識が乏しいようであれば、本節を読む前に、まずはデータベースの専門書を読むことをおすすめします。

さて、Excel VBAからSQL Serverなどのデータベースに接続するには、ADO（ActiveX Data Object）というCOMを利用します。

　以下のサンプルは、[Employee]テーブルのすべてのレコードを取得し、その[Code]列の内容を1つずつメッセージボックスに表示します。接続先のデータベースサーバー、データベース名、ユーザー、パスワードは、Privateスコープの定数で定義しています。サンプルプログラムの実行前に、自分の環境にあわせてこの定数の値を書き換える必要がありますので、ご注意ください。

　また、あらかじめ参照設定より、「Microsoft ActiveX DataObject x.x Library」（x.xはバージョン）にチェックを入れておく必要があります。

◆Excel VBA

```
'※参照設定より、「Microsoft ActiveX DataObject x.x Library」にチェッ
クを入れる
Option Explicit


'----------------------------------------
' データベース接続情報
'----------------------------------------
Private Const SVNAME As String = "[データベース・サーバー名を指定]"
Private Const DBNAME As String = "[データベース名を指定]"
Private Const USERID As String = "[ユーザーIDを指定]"
Private Const PASSWD As String = "[ユーザーIDに該当するパスワードを
指定]"


'***********************************************************
' 関数名：MSSQL接続サンプル1
' 概要  ：SQL Serverデータベースに接続し、SELECTコマンドの結果を取得
' 引数  ：なし
' 戻り値：なし
'***********************************************************
Sub MSSQL接続サンプル1()
```

```
On Error Resume Next

'データベース接続文字列を定義
Dim sCn As String
sCn = "Driver={SQL Server};" _
    & "Server=" & SVNAME & ";" _
    & "Database=" & DBNAME & ";" _
    & "UID=" & USERID & ";" _
    & "PWD=" & PASSWD & ";"

'ADODB.Connectionをインスタンス化し、データベース接続文字列をセット
Dim cn As New ADODB.Connection
cn.ConnectionString = sCn

'データベースに接続
cn.Open
If (Err.Number <> 0) Then
    '接続に失敗したらエラーメッセージを表示して処理を抜ける
    Call MsgBox(CStr(Err.Number) & ":" & Err.Description, vbCritical + vbOKOnly)
    Exit Sub
End If

'実行するSQLを定義
Dim sSQL As String
sSQL = "SELECT [Code] FROM [Employees];"

'ADODB.Commandをインスタンス化し、実行するSQLをセット
Dim cmd As New ADODB.Command
cmd.ActiveConnection = cn
cmd.CommandText = sSQL
```

```
'ADODB.Recordsetをインスタンス化し、SQLを実行して結果を取得する
Dim rs As New ADODB.Recordset
rs.Open cmd
If (Err.Number <> 0) Then
    'SQL実行に失敗した場合、データベースから切断してエラーメッセージを表示し、処理を抜ける
    cn.Close
    Call MsgBox(CStr(Err.Number) & ":" & Err.Description, vbCritical + vbOKOnly)
    Exit Sub
End If

'取得したすべてのデータを表示
rs.MoveFirst
Do
    'すべてのデータを表示し終えた場合は繰り返しを抜ける
    If (rs.EOF) Then
        Exit Do
    End If

    'Code列の値を文字列型として取得
    Dim sValue As String
    sValue = CStr(rs("Code").Value)

    '取得した値をメッセージ表示
    Call MsgBox(sValue)

    '次のデータ
    rs.MoveNext
Loop

'ADODB.Recordsetを閉じ、データベースから切断する
```

```
        rs.Clone
        cn.Close

End Sub
```

　あらかじめ参照設定から「Microsoft ActiveX DataObject x.x Library」にチェックを入れておかなくても、CreateObject()関数でADOへの参照を動的に生成することも可能です。ADOのCOMは、

・ADODB.Connection
・ADODB.Command
・ADODB.Recordset

の3つを使用しますが、これをCreateObjectで置き換えると、次のようになります。

```
<ADODB.Connection>
Dim cn As Object
Set cn = CreateObject("ADODB.Connection")

<ADODB.Command>
Dim cn As Object
Set cn = CreateObject("ADODB.Command")

<ADODB.Recordset>
Dim cn As Object
Set cn = CreateObject("ADODB.Recordset")
```

　では、サンプルコードの解説に入りましょう。
　まず、関数の冒頭にて、エラーが発生した時点でプログラムが強制終了しないよう、On Error Resume Nextを記述します。エラーが発生すると思われる箇所で、随時ErrオブジェクトのNumberプロパティを参照し、それが0以外であれば適切なエラー処理を行います。

データベースに接続するには、接続先のデータベースの情報をADODB.Connectionにセットする必要があります。接続先のデータベース情報は、データベース接続文字列という文字列データで指定します。

上記サンプル内でデータベース接続文字列を定義している箇所は、次のとおりです。

```
'データベース接続文字列を定義
Dim sCn As String
sCn = "Driver={SQL Server};" _
    & "Server=" & SVNAME & ";" _
    & "Database=" & DBNAME & ";" _
    & "UID=" & USERID & ";" _
    & "PWD=" & PASSWD & ";"
```

データベース接続文字列は、接続先のデータベースの種類によって変わります。SQL ServerにSQL Server認証で接続する場合は、上記のようなデータベース接続先文字列となります。SQL Server認証とは、SQL Serverデータベースに接続する際の認証方法の1つです。SQL Server認証は、データベースの接続の際にユーザー名とパスワードを指定する必要があります。もう1つの認証方法は、Windows認証というものです。Windows認証は、Windows OSにログインしたユーザーアカウントでSQL Serverにログインするものです。

データベース接続文字列の定義を終えたら、次にSQL Serverデータベースに接続する際のオブジェクトの生成を行います。Excel VBAからSQL Serverデータベースに接続するには、次のようにします。

```
'ADODB.Connectionをインスタンス化し、データベース接続文字列をセット
Dim cn As New ADODB.Connection
cn.ConnectionString = sCn
```

まずはADODB.Connectionをインスタンス化し、そのConnectionStringプロパティに対して、さきほど定義したデータベース接続文字列をセットします。

データベース接続文字列をセットしたら、Openメソッドでデータベースに接続します。

```
'データベースに接続
cn.Open
If (Err.Number <> 0) Then
    '接続に失敗したらエラーメッセージを表示して処理を抜ける
    Call MsgBox(CStr(Err.Number) & ":" & Err.Description, vbCritical + vbOKOnly)
    Exit Sub
End If
```

　プログラムの冒頭で、エラーが発生しても処理を続行する「On Error Resume Next」を指定したので、接続先データベースの情報に誤りがあった場合や、データベースサーバーが起動していないなどの理由によりデータベースに接続できなかった場合でも、プログラムは強制終了しません。

　かわりにErrオブジェクトにエラー番号が返ってきますので、そのエラー番号が0でない場合に適切なエラーメッセージを表示するようにしています。

　続いて、実行するSQLを定義します。

```
'実行するSQLを定義
Dim sSQL As String
sSQL = "SELECT [Code] FROM [Employees];"

'ADODB.Commandをインスタンス化し、実行するSQLをセット
Dim cmd As New ADODB.Command
cmd.ActiveConnection = cn
cmd.CommandText = sSQL
```

　SQLは、文字列型の変数に格納します。SQLの実行は、ADODB.Commandオブジェクトが行います。このインスタンスを生成したら、そのActiveConnectionプロパティにデータベース接続オブジェクトのインスタンスをセットすることで、ADODB.ConnectionとADODB.Commandを関連付けします。

　実行するSQLは、ADODB.CommandオブジェクトのCommandTextプロパティにセットします。

5-4 データベースを利用する **241**

SQLの定義を終えたら、そのSQLを実行します。SELECTステートメントは実行結果を返しますので、その実行結果を取得するためのオブジェクトが必要となります。ADOの場合、ADODB.RecordsetオブジェクトでSELECTステートメントの結果を取得します。

```
'ADODB.Recordsetをインスタンス化し、SQLを実行して結果を取得する
Dim rs As New ADODB.Recordset
rs.Open cmd
If (Err.Number <> 0) Then
    'SQL実行に失敗した場合、データベースから切断してエラーメッセージを表示し、処理を抜ける
    cn.Close
    Call MsgBox(CStr(Err.Number) & ":" & Err.Description, vbCritical + vbOKOnly)
    Exit Sub
End If
```

　ADODB.Recordsetをインスタンス化したら、そのOpenメソッドを実行し、SELECTステートメントの実行結果を取得します。Openメソッドには、先ほどのADODB.Commandオブジェクトのインスタンスをパラメーターとして指定します。
　先ほどのデータベース接続時と同様、Err.Numberの値を見て、エラーが発生しているかどうかを判断します。エラーが発生していた場合、接続中のデータベースから切断する処理を追記する必要があります。プログラムが終了しても、データベース接続オブジェクトがデータベースに接続したまま残ってしまうためです。接続中のデータベースから切断するには、ADODB.ConnectionのClose()メソッドを実行します。
　エラーが発生しなかった場合は、ADODB.RecordsetにSELECTステートメントの実行結果が返ってきています。ADODB.RecordsetからSELECTステートメントの実行結果を取得する方法は少々面倒で、レコードを1件ずつ順番に取得する方法しかありません。たとえば配列のように要素番号（インデックス）を指定することで、そのインデックスに該当するレコードを取得できれば簡単なのですが、ADODB.Recordsetにはその機能がありません。

```
    '取得したすべてのデータを表示
    rs.MoveFirst
    Do
        'すべてのデータを表示し終えた場合は繰り返しを抜ける
        If (rs.EOF) Then
            Exit Do
        End If

        'Code列の値を文字列型として取得
        Dim sValue As String
        sValue = CStr(rs("Code").Value)

        '取得した値をメッセージ表示
        Call MsgBox(sValue)

        '次のデータ
        rs.MoveNext
    Loop

    'ADODB.Recordsetを閉じ、データベースから切断する
    rs.Clone
    cn.Close
```

　まずはADODB.RecordsetのMoveFirst()メソッドを実行し、実行結果の参照位置を最初のレコードに移動します。この参照位置のことをブックマークといいます。たいてい、SELECTステートメントを取得したばかりのADODB.Recordsetは、ブックマークが先頭のレコードになっていますので、MoveFirst()メソッドは不要ですが、先頭のレコードを指定していることを明示的にするためにも、記述しておいてもよいでしょう。

　続いて、Do命令により、ADODB.Recordsetの実行結果をすべて取得するまで、繰り返し処理を行うようにしています。実行結果をすべて取得したかどうかは、ADODB.RecordsetのEOFプロパティで参照可能です。このプロパティは、ブック

マークが最後のレコードに来た時点で、論理型のTrueを返します。もし、SELECTステートメントの実行結果が1件も存在しない場合、このEOFプロパティは、MoveFirst()メソッドの直後でも論理型のTrueを返します。

ADODB.Recordsetは、SELECTステートメントの列名もしくは列インデックスを指定することで、その列に該当する値を取得できます。上記サンプルの場合、SELECTステートメントによってCode列が返ってきますので、その列名を指定しています。もしくは、Code列はSELECTステートメントの最初の列ですので、列インデックスを示す0を指定して、次のような記述でも同様の結果を得ることができます。

```
'Code列の値を文字列型として取得
Dim sValue As String
sValue = CStr(rs(0).Value)
```

取得した値はCStr()関数によって文字列型に変換し、その結果をメッセージに表示しています。

1件のレコードを処理したら、ブックマークを次に移動します。ブックマークを次のレコードに移動するには、MoveNext()メソッドを実行します。

```
'次のデータ
rs.MoveNext
```

すべてのレコードを処理し終え、ループを抜けたら、ADODB.RecordsetをClose()メソッドで閉じ、さらにデータベース接続オブジェクトのClose()メソッドを実行することで、データベースから切断します。

```
'ADODB.Recordsetを閉じ、データベースから切断する
rs.Clone
cn.Close
```

さて、このサンプルではSELECTステートメントによって実行結果を取得する方法を説明しましたが、SQLにはSELECTステートメント以外にも次のデータ操作があります。

・INSERTステートメント　　　テーブルにレコードを追加
・UPDATEステートメント　　　テーブルの既存レコードを更新
・DELETEステートメント　　　テーブルの既存レコードを削除

　今度は、上記ステートメントのように、実行結果を伴わないSQLを実行する例を見てみます。

◆Excel VBA

```vb
'************************************************************
' 関数名：MSSQL接続サンプル2
' 概要　：SQL Serverデータベースに接続し、データを更新する
' 引数　：なし
' 戻り値：なし
'************************************************************
Private Sub MSSQL接続サンプル2()

    On Error Resume Next

    'データベース接続文字列を定義
    Dim sCn As String
    sCn = "Driver={SQL Server};" _
        & "Server=" & SVNAME & ";" _
        & "Database=" & DBNAME & ";" _
        & "UID=" & USERID & ";" _
        & "PWD=" & PASSWD & ";"

    'ADODB.Connectionをインスタンス化し、データベース接続文字列をセット
    Dim cn As New ADODB.Connection
    cn.ConnectionString = sCn

    'データベースに接続
    cn.Open
```

5-4　データベースを利用する　**245**

```vb
        If (Err.Number <> 0) Then
            '接続に失敗したらエラーメッセージを表示して処理を抜ける
            Call MsgBox(CStr(Err.Number) & ":" & Err.Description, vbCritical + vbOKOnly)
            Exit Sub
        End If

        '実行するSQLを定義
        Dim sSQL As String
        sSQL = "INSERT INTO [Employees] ([Code], [Name]) VALUES (1, 'Takayuki.Ikarashi');"

        'ADODB.Commandをインスタンス化し、実行するSQLをセット
        Dim cmd As New ADODB.Command
        cmd.ActiveConnection = cn
        cmd.CommandText = sSQL

        cmd.Execute
        If (Err.Number <> 0) Then
            'SQL実行に失敗した場合、データベースから切断してエラーメッセージを表示し、処理を抜ける
            cn.Close
            Call MsgBox(CStr(Err.Number) & ":" & Err.Description, vbCritical + vbOKOnly)
            Exit Sub
        End If

        'データベースから切断する
        cn.Close

End Sub
```

上記のサンプルコードを実行すると、先ほどの[Employee]テーブルに対し、新たなレコードを1件追加します。基本的にはSELECTステートメントのサンプルコードとほぼ同じですが、実行結果を伴わない分、いくつかの違いがあります。
　SELECTステートメントの場合との違いは、SQLの実行方法です。

```
'ADODB.Commandをインスタンス化し、実行するSQLをセット
Dim cmd As New ADODB.Command
cmd.ActiveConnection = cn
cmd.CommandText = sSQL


cmd.Execute
If (Err.Number <> 0) Then
    'SQL実行に失敗した場合、データベースから切断してエラーメッセージを表示し、処理を抜ける
    cn.Close
    Call MsgBox(CStr(Err.Number) & ":" & Err.Description, vbCritical + vbOKOnly)
    Exit Sub
End If
```

　今回のサンプルは、実行結果を伴わないため、ADODB.Recordsetは不要です。ADODB.Recordsetを使用せずにSQLを実行する場合は、ADODB.CommandのExecute()メソッドを使用します。

Microsoft Accessに接続

　Microsoft AccessもExcelと同様、Microsoft Office製品です。　ただ、Office ProfessionalやOffice 365 BussinessにはAccessが付いていますが、Office PersonalもしくはOffice Home & Businessには付いていません。「個人で買ったパソコンにインストールされていたOfficeにはAccessが付いていないのに、なぜ会社のOfficeにはAccessが付いているの？」といった場合は、Officeの種類が違うのです。

また、常に最新のOffice製品を利用したい場合、Office 365がお勧めです。このOfficeは、月額もしくは年額で利用料金を支払うことで、最新バージョンのOfficeが利用できます。
　Office製品の種類と利用可能なアプリケーション、そして金額の違いについては、以下の表をご覧ください。

製品名	Office Personal 2016						
使用可能なアプリケーション	Word・Excel・Outlook						
	基本料金			ユーザー割料金			
料金体系	1年後	5年後	10年後	1年後	5年後	10年後	
¥32,184 永続ライセンス	32,184	32,184	32,184	16,092	16,092	16,092	
備考	1ユーザーにつき2台のパソコンにインストール可能						

製品名	Office Home & Business 2016						
使用可能なアプリケーション	Word・Excel・PowerPoint・OutlookOneNote						
	基本料金			ユーザー割料金			
料金体系	1年後	5年後	10年後	1年後	5年後	10年後	
¥37,584 永続ライセンス	37,584	37,584	37,584	18,792	18,792	18,792	
備考	1ユーザーにつき2台のパソコンにインストール可能						

製品名	Office Professional 2016						
使用可能なアプリケーション	Word・Excel・PowerPoint・OutlookOneNote・Publisher・Access						
	基本料金			ユーザー割料金			
料金体系	1年後	5年後	10年後	1年後	5年後	10年後	
¥64,584 永続ライセンス	64,584	64,584	64,584	32,292	32,292	32,292	
備考	1ユーザーにつき2台のパソコンにインストール可能						

製品名	Office 365 Solo						
使用可能なアプリケーション	Word・Excel・PowerPoint・OutlookOneNote・Publisher・Access						
	基本料金			ユーザー割料金			
料金体系	1年後	5年後	10年後	1年後	5年後	10年後	
¥12,744／年間（1ユーザーあたり）	12,744	63,720	127,440	6,372	31,860	63,720	
備考	1ユーザーにつき2台のパソコンにインストール可能						

製品名	Office 365 Bussiness					
使用可能なアプリケーション	Word・Excel・PowerPoint・OutlookOneNote・Publisher・Access					
	基本料金			ユーザー割料金		
料金体系	1年後	5年後	10年後	1年後	5年後	10年後
¥900／月額（1ユーザーあたり）	10,800	54,000	108,000	2,160	10,800	21,600
備考	1ユーザーにつき5台のパソコンにインストール可能					

マイクロソフトサポートが切れるまで使用するのであれば、Office Personal 2016がお得。
　（マイクロソフトサポートは、製品発売からメインストリームサポート5年、延長サポート5年の計10年のサポートがある）
・常に最新のOffice製品を使う場合は、Office 365 Bussinessがお得。
・AccessとPowerpointを使用するのであれば、Office Professional 2016　もしくはOffice 365 Bussinessの選択肢しかない。
　この場合も、マイクロソフトサポートが切れるまで使用するのであれば、Office Professional 2016がお得。
・1人で3台以上のパソコンを使用している場合、Office 365 Bussinessの選択肢もあり。
・本来なら1ユーザー=1人にするのだが、1ユーザーを複数で使いまわす場合、Office 365 Bussinessもお得。
　この場合、
　　　Office Personal 2016を10年間、2台のパソコンで使った場合のユーザー割料金が16,092円
　　　Office Professional 2016を10年間、2台のパソコンで使った場合のユーザー割料金が18,792円
　　　Office 365 Bussinessの1ユーザーを5台のパソコンで10年フル活用した場合のユーザー割料金が21,600円
　となる。

　さて、Excel VBAからAccessに接続する場合もSQL Serverに接続した場合と同様、ADOを利用します。SQL Serverと違う点は、接続文字列が違うだけです。

◆Excel VBA

```
'----------------------------------------
' データベース接続情報
'----------------------------------------
Private Const ACCDB_FILE As String = "sample.accdb"


'***********************************************************
' 関数名：ACCDB接続サンプル1
' 概要　：Microsoft Accessデータベースに接続し、SELECTコマンドの結果を取得
' 引数　：なし
' 戻り値：なし
'***********************************************************
Sub ACCDB接続サンプル1()

    On Error Resume Next
```

```
'接続先ACCDBのフルパス
Dim dbpath As String
dbpath = ThisWorkbook.Parent & "¥" & ACCDB_FILE

'データベース接続文字列を定義
Dim sCn As String
sCn = "Provider=Microsoft.ACE.OLEDB.12.0;" _
    & "Data Source=" & dbpath & ";"


    (...以下略)
```

　上記サンプルにおいて、Privateスコープで定義するのは、Accessデータベースファイルのファイル名です。このExcelマクロファイルと同一フォルダにある「sample.accdb」に接続します。

```
'接続先ACCDBのフルパス
Dim dbpath As String
dbpath = ThisWorkbook.Parent & "¥" & ACCDB_FILE

'データベース接続文字列を定義
Dim sCn As String
sCn = "Provider=Microsoft.ACE.OLEDB.12.0;" _
    & "Data Source=" & dbpath & ";"
```

　データベース接続文字列の違い以外は、前述のSQL Serverのサンプルコードと同じです。実行結果の取得を伴わないINSERTステートメントやUPDATEステートメント、DELETEステートメントの例においても、データベース接続文字列以外に違いはありません。

ODBC経由でデータベースに接続する

　ODBC（Open DataBase Connectivity）は、Microsoft社が提唱するデータベースに接続するための標準仕様です。Microsoft社の製品であるAccessやSQL Serverだけでなく、Oracle社のOracleデータベースやオープンソースのMySQLなど、ODBCを通じてさまざまなデータベースに接続できます。また、データベースの違いはODBCが吸収するため、ユーザーはデータベースの種類を意識することなく、使用することができます。

　ODBCでデータベースに接続するには、接続するデータベースの種類によってODBCドライバを追加インストールする必要があります。また、後述しますが、32ビット環境のWindows OSと64ビット環境のWindows OSでは、初期状態でインストールされているODBCドライバに違いがあります。たとえば、Microsoft AccessのACCDBファイルにODBC経由で接続する時に、32ビット環境でスクリプトを実行した場合は接続に成功しますが、64ビット環境でスクリプトを実行した場合は、64ビット環境にはMicrosoft AccessのODBCドライバがインストールされていないため、接続に失敗します。

　さて、それではMicrosoft AccessのMDBファイルとSQL Serverに対してODBCで接続する方法について見てみましょう。

◎ODBCでAccessに接続する方法について
①「コントロール パネル」を開き、「管理ツール」を選択します。

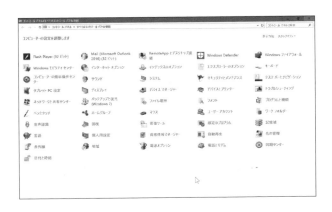

5-4　データベースを利用する　**251**

②スクリプトを32ビット環境で動作させる予定なら「ODBC データ ソース (32 ビット)」を、64ビット環境で動作させる予定なら「ODBC データ ソース (64 ビット)」を選択します。ODBCドライバを追加インストールしていなければ、「ODBC データ ソース (64 ビット)」の方が選択可能なODBCドライバが多いです。

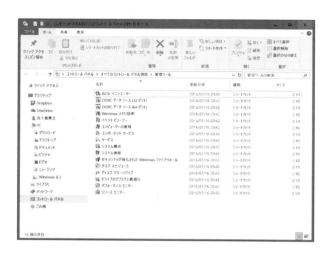

③「ODBC データ ソース アドミニストレーター」の画面が表示されたら、「ユーザーDSN」タブが選択されている状態で「追加(D)...」ボタンをクリックします。

④「データ ソースの新規作成」の画面にて、データソースドライバの一覧から「Microsoft Access Driver」を選択し、「完了」ボタンをクリックします。

⑤「ODBC Microsoft Accessセットアップ」の画面にて、「データ ソース名(N)」に後で判別しやすい任意の名前を入力し、「データベース」の「選択」ボタンをクリックします。

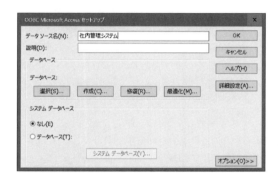

⑥「データベースの選択」の画面より、接続したいAccessファイルを選択し、「OK」ボタンをクリックします。

5-4 データベースを利用する　**253**

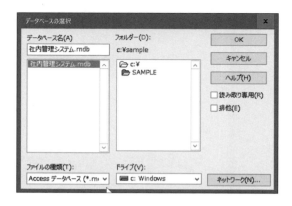

⑦「ODBC Microsoft Accessセットアップ」の画面にて「OK」ボタンをクリックすると、「ODBC データ ソース アドミニストレーター」の画面に戻ります。「ユーザー データ ソース(U)」の一覧に追加したデータ ソース名が表示されていれば完了です。

◎ODBCでSQL Serverに接続する方法について
①「ODBC データ ソース アドミニストレーター」を開き、「追加(D)...」ボタンをクリックします。

② 「データ ソースの新規作成」の画面にて、データソースドライバの一覧から「SQL Server」を選択し、「完了」ボタンをクリックします。

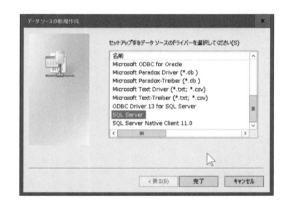

③ 「SQL Serverに接続するための新規データ ソースを作成する」の画面にて、データソースの「名前」には後で判別しやすい任意の名前を入力し、SQL Serverの「サーバー」にはSQL Serverのサーバー名を入力します。データ ソースの「説明」については、特に入力する必要はありません。入力したら、「次へ(N) >」ボタンをクリックします。

5-4 データベースを利用する 255

④下の画面が表示されますので、SQL Serverに接続するための情報を正しく入力します。入力したら、「次へ(N) >」ボタンをクリックします。

⑤接続するデータベースの情報を入力します。入力したら、「次へ(N) >」ボタンをクリックします。

⑥必要に応じて、その他の情報を入力します。入力したら「完了」ボタンをクリックします。

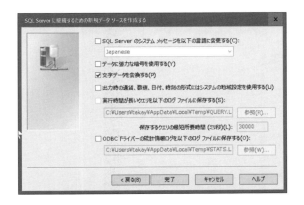

⑦以下のような画面が表示されますので、「データ ソースのテスト (T)...」ボタンをクリックします。

5-4　データベースを利用する　　**257**

⑧ 入力した接続情報が正しければ、以下のような画面が表示されます。「OK」ボタンをクリックします。

⑨ 「ODBC Microsoft SQL Server セットアップ」の画面にて「OK」ボタンをクリックすると、「ODBC データ ソース アドミニストレーター」の画面に戻ります。「ユーザー データ ソース (U)」の一覧に追加したデータ ソース名が表示されていれば完了です。

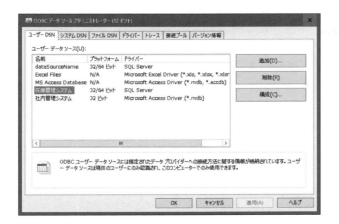

　ODBCの設定が完了したら、Excel VBAでODBCデータソースに接続する方法について見てみましょう。前にも述べましたが、ODBCを経由することで、データベースの種類を意識することなく、接続することができます。つまり、データベースの種類がAccessであろうとSQL Serverであろうと、接続方法に違いはありません。ADODB.ConnectionオブジェクトのConnectionStringプロパティに設定するデータベース接続文字列に悩む必要がないのです。

◆Excel VBA

```
'----------------------------------------
' データベース接続情報
'----------------------------------------
Private Const DSN As String = "sample"
Private Const UID As String = "username"
Private Const PWD As String = "password"


'**********************************************************
' 関数名：ACCDB接続サンプル1
' 概要　：Microsoft Accessデータベースに接続し、SELECTコマンドの結果を取得
' 引数　：なし
' 戻り値：なし
'**********************************************************
```

5-4　データベースを利用する　**259**

```
Sub ACCDB接続サンプル1()

    On Error Resume Next

    '接続先ACCDBのフルパス
    Dim dbpath As String
    dbpath = ThisWorkbook.Parent & "¥" & ACCDB_FILE

    'データベース接続文字列を定義
    Dim sCn As String
      sCn = ""
    sCn = sCn & "DSN=" & DSN & ";"
    sCn = sCn & "UID=" & UID & ";"
    sCn = sCn & "PWD=" & PWD & ";"


        (...以下略)
```

データベース接続文字列にて、"DSN="の後ろに接続先のデータ ソース名を指定します。また、必要に応じてユーザー名"UID"とパスワード"PWD"を指定します。たったこれだけで、ODBCの接続先データベースの種類を考慮する必要はありません。

さらに、実はODBC経由であれば、CSVファイルやExcelファイルに対しても、SQLを実行することができます。SQLが得意な人にとっては、非常に有益な情報でしょう。CSVファイルをテキストファイルとして1行ずつ読み込み、特定の条件を満たした行のみ構造体に格納するといった面倒な処理をする必要がないのです。特定の条件を満たした行のみを取得するSQLを1文書くだけで済みます。

まずは、ExcelファイルにODBCで接続する方法について説明しましょう。

●ODBCでExcelファイルに接続する方法について

① 「ODBC データ ソース アドミニストレーター」を開き（手順については、第2章の「ODBCでAccessに接続する方法について」をご覧ください）、「追加(D)...」ボタンをクリックします。

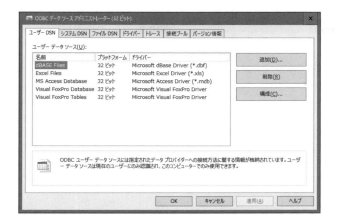

② 「データ ソースの新規作成」の画面にて、データソースドライバの一覧から「Microsoft Excel Driver」を選択し、「完了」ボタンをクリックします。拡張子が".xls"だけのドライバは、Microsoft Officeのバージョンが2003以前のExcelファイルに接続するための専用ドライバです。

③ 「ODBC Microsoft Excel セットアップ」の画面にて、「データ ソース名(N)」には後で判別しやすい任意の名前を入力します。「説明(D)」については、特に入力する必要はありません。また、接続するExcelファイルのバージョンを選択するコンボボックスにて、適切なExcelのバージョンを指定します。コンボボックスに表示されるバージョン番号は、Excel VBAからAppication.Versionで確認できます。

5-4 データベースを利用する **261**

Microsoft Officeのバージョン	コンボボックスに表示される番号
Excel 2016	16
Excel 2013	15
Excel 2010	14
Excel 2007	12
Excel 2003	11
Excel 2002	10
Excel 2000	9
Excel 97	8
Excel 95	7
Excel 5.0	5

入力したら、「ブックの選択(S)...」ボタンをクリックします。

④「ブックの選択」画面にて、接続したいExcelファイルを指定します。完了したら、「OK」ボタンをクリックします。

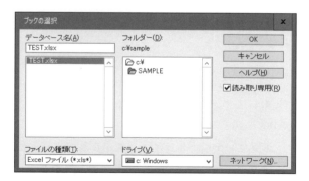

⑤「ODBC Microsoft Excel セットアップ」の画面にて、「OK」ボタンをクリックすると、「ODBC データ ソース アドミニストレーター」の画面に戻ります。「ユーザー データ ソース(U)」の一覧に追加したデータ ソース名が表示されていれば完了です。

作成したデータソースをWSHから指定することで、該当するExcelファイルにODBC経由で接続できるようになり、Excelファイルからのデータ取得をSQLで行うことができるようになります。データベースシステムでいえば、Excelブックがデータベースに該当し、Excelシートがテーブルに該当します。

その際、テーブルの指定に若干の特徴があります。たとえば"Sheet1"のデータを取得する際には、次のようにシート名を"["と"$]"で囲む必要があります。

◆SQL
```
SELECT * FROM [Sheet1$]
```

では、今度は、CSVファイルをODBCデータソースに設定する方法を紹介します。

●ODBCでCSVファイルに接続する方法について
①「ODBC データ ソース アドミニストレーター」を開き、「追加(D)...」ボタンをクリックします。

②「データ ソースの新規作成」の画面にて、データソースドライバの一覧から「Microsoft Text Driver」を選択し、「完了」ボタンをクリックします。

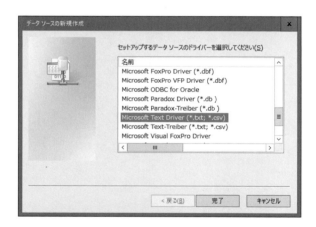

③「ODBC テキスト セットアップ」の画面にて、「データ ソース名(N)」には後で判別しやすい任意の名前を入力します。「説明(D)」については、特に入力する必要はありません。「現在のフォルダを使用する(U)」のチェックを外し、「ブックの選択(S)...」ボタンをクリックします。

④「フォルダの選択」画面にて、接続したいCSVファイルのあるフォルダを指定します。完了したら、「OK」ボタンをクリックします。

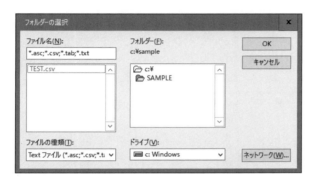

⑤「ODBC テキスト セットアップ」の画面にて、「OK」ボタンをクリックすると、「ODBC データ ソース アドミニストレーター」の画面に戻ります。「ユーザー データ ソース(U)」の一覧に追加したデータ ソース名が表示されていれば完了です。

　Excelファイルの場合は、データベースがExcelブックに該当し、テーブルがExcelシートに該当すると説明しましたが、テキストファイルの場合、ODBCの設定にて指定したフォルダがデータベースに該当し、ファイルがテーブルに該当します。つまり、SQLを発行する際は、テーブルの代わりにテキストファイル名を指定します。

> **この節のまとめ**
> ・クローリングで収集したデータの格納先として、データベースを用いることも考慮する
> ・データベースであれば、データの管理が容易
> ・Excel VBAからSQL ServerおよびMicrosoft Accessデータベースに保存するサンプルコードを本節にて紹介した

5-5

定期的にクローリング／スクレイピングするには

定時にクローラーを実行したい場合、もしくは一定の間隔でクローラーを実行したい場合は、クローラーを実行するタイミングを自動化した方がよいでしょう。本節は、クローラーの実行を自動化する方法について説明します。

タスクスケジューラ

　決まった時間にクローリングを実行したい場合、その時間になるのを目で確かめてクローラーを手で実行していたのでは、効率のよいクローリングとは言えません。場合によっては、手作業でデータを収集するのとそれほど変わりません。クローラーを実行する時間を気に留める必要があると、他の業務に集中することもできません。もしくは、他の業務に集中してしまったために、クローラーを実行することを忘れてしまうかもしれません。

　本節では、クローラーの実行を自動化する方法について、いくつかの方法を考えてみます。

　Windows OSの場合、決められた時間に指定の処理を実行するためのしくみとして、「タスクスケジューラ」という機能があります。まずは、このタスクスケジューラを利用して、Excel VBAで作成したクローラーを自動実行する方法を考えてみましょう。

　ただし、困ったことに、タスクスケジューラは実行ファイル（拡張子がexe）かスクリプトファイル（拡張子がvbs, js）等、一部のファイルしか実行することができません。Excelマクロファイルを指定しても、そのExcelマクロファイルをどのアプリケーションで開くかを選択するウィンドウが表示されてしまうだけです。

　そのため、もっとも簡単な方法としては、VBScriptでExcelマクロファイルを開く

スクリプトを作成し、そのスクリプトファイルをタスクスケジューラに登録する方法です。まずは、この方法でサンプルプログラムを作成してみましょう。

最初に、VBScriptでExcelマクロファイルを開くスクリプトを作成します。

◆VBScript

```
Option Explicit

'------------------------------
'　処理部
'------------------------------
'Excelマクロファイルを開きます
Call OpenXLMacro()


'***************************************************************
'　関数名：OpenXLMacro
'　概要　：自分自身と同一フォルダにある「hello_world.xlsm」を開きます
'　引数　：なし
'　戻り値：なし
'***************************************************************
Sub OpenXLMacro()

    '対象となるExcelマクロファイルです
    Const MACRO_FILE_NAME = "hello_world.xlsm"

    'Excelマクロファイルのパスを指定します
    Dim mpath
    mpath = MyDir & "\" & MACRO_FILE_NAME

    'エラーが発生した場合でも処理を続行します
    On Error Resume Next

    'Excelアプリケーションを起動します
```

```
    Dim xl
    Set xl = CreateObject("Excel.Application")

    'Excelアプリケーションを表示します
    xl.Visible = True

    'エラーが発生した場合、エラーメッセージを表示します
    If (Err.Number <> 0) Then
        Call MsgBox(CStr(Err.Number) & ": " & Err.
Description, vbCritical + vbOkOnly)
        Exit Sub
    End If

    'Excelマクロファイルを開きます
    xl.Workbooks.Open mpath

    'エラーが発生した場合、Excelアプリケーションを終了してエラーメッセージを
表示します
    If (Err.Number <> 0) Then
        xl.Quit
        Call MsgBox(CStr(Err.Number) & ": " & Err.
Description, vbCritical + vbOkOnly)
        Exit Sub
    End If

End Sub


'*********************************************************
' 関数名：MyDir
' 概要　：このスクリプトファイルが存在するフォルダのパスを返します
' 引数　：なし
' 戻り値：このスクリプトファイルが存在するフォルダのパス
```

```
'************************************************************
Private Function MyDir()

    'Scripting.FileSystemObjectをインスタンス化します
    Dim fso
    Set fso = CreateObject("Scripting.FileSystemObject")

    'このスクリプトファイルのフルパスから親フォルダを取得し、戻り値として返します
    MyDir = fso.GetParentFolderName(WScript.ScriptFullName)

End Function
```

　このVBScriptは、このスクリプトファイルが存在するフォルダと同一フォルダーに存在する「hello_world.xlsm」を開きます。ただそれだけのスクリプトです。
　そのため、Excelマクロファイルをこのスクリプトファイルから実行しても、Excelマクロファイルが開くだけで、マクロは実行されません。VBScriptでExcelマクロファイルを開く場合、Auto_Open()関数も利きません。Auto_Open()関数は、Excelマクロファイルを開くと同時に自動で実行される特殊な関数ですが、VBScriptからExcelマクロファイルを開いても、Auto_Open()関数は実行されないのです。
　たとえば、次のように「Auto_Open」という名前の関数を作成してみます。

◆Excel VBA

```
Option Explicit

'ファイルを開くと同時に実行される特殊な関数
Sub Auto_Open()

    'メッセージを表示
    Call MsgBox("Hello World!")

End Sub
```

このExcelマクロファイルを任意のフォルダに保存し、再度開き直してください。すると、Auto_Open()関数がExcelマクロファイルを開くと同時に実行され、「Hello World!」のメッセージが表示されるのを確認することができます。

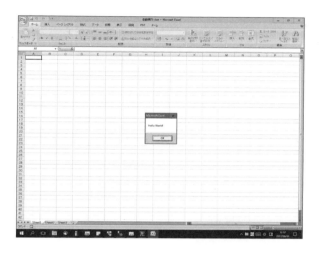

　ちなみに、Auto_Open()関数を実行せずに該当Excelマクロファイルを開くには、一度Excelアプリケーションを（ファイルを開かずに）起動して「ファイル」メニューから「開く」を選択し、該当マクロファイルを開きます。Excelアプリケーションのバージョンが2003以前の場合は、キーボードのShiftキーを押しながらExcelファイルを開くことで、Auto_Open()関数を実行しないようにすることができます。

　話は戻りますが、どうすればスクリプトファイルの実行と同時にExcelマクロを実行できるでしょうか。

　スクリプトからExcelマクロファイルを実行するには、スクリプト側を修正する必要があります。スクリプト側にて、Excelマクロファイルを開いた後にExcelアプリケーションのRun()メソッドを実行します。Run()メソッドのパラメーターには、実行するマクロのマクロ名を指定します。

[Excelアプリケーションのインスタンス].Run "[実行するマクロの名称]"

　上記のVBScriptの場合ですと、OpenXLMacro()関数のいちばん後に、次のように記述します。

```
'マクロ「Auto_Open」を実行します
xl.Run "Auto_Open"
```

　これで、スクリプトファイルの実行と同時にマクロを実行できるようになりました。無論、Auto_Open()関数でなくとも存在するExcelマクロ名を指定すれば、そのマクロが実行されます。
　さて、これで準備は整いました。今度は、この作成したスクリプトファイルをタスクスケジューラに登録してみましょう。

●Windows 10の場合
①「スタートメニュー」の「Windows 管理ツール」より、「タスク スケジューラ」を選択。

②表示された「タスク スケジューラ」画面にて、メニューバーの「操作(A)」より「タスクの作成」を選択。

③「タスクの作成」画面が表示されるので、「全般」タブの「名前」に、自動実行したい処理の名前など、わかりやすい名前をつける。

④次に、「トリガー」タブを選択し、「新規」ボタンをクリックする。

⑤「新しいトリガー」画面が表示されるので、スクリプトを自動実行するための条件を設定する。下の画面は、2017年04月01日以降、毎日23時に指定した処理が自動実行されるように設定。

⑥「OK」ボタンをクリックして「新しいトリガー」画面を閉じ、「タスクの作成」画面に追加した自動実行の条件が正しく表示されていることを確認する。

⑦「操作」タブをクリックし、「新規」ボタンをクリックする。

⑧「新しい操作」画面が表示されるので、「操作」にて「プログラムの開始」を選択し、「プログラム/スクリプト」に自動実行したいスクリプトのファイルパスを指定する。

⑨ 「OK」ボタンをクリックして「新しい操作」画面を閉じ、「タスクの作成」画面に追加した自動実行するスクリプトが正しく表示されることを確認。

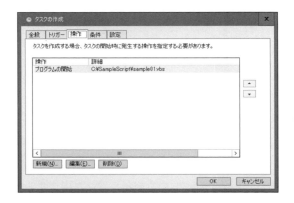

⑩ 「タスクの作成」画面で「OK」ボタンをクリックし、「タスク スケジューラ」画面に追加した自動実行の条件設定が表示されていることを確認する。

　あとは、タスクスケジューラに設定した時間にスクリプトが実行され、Excelマクロが自動実行されるのを確認してみてください。

　タスクスケジューラ以外の方法では、たとえば前述のWin32 APIのSleep()関数を使い、Excelマクロを常に実行中の状態にしておき、一定間隔事にクローリング用の関数を実行するなどといった方法もあります。

> **この節のまとめ**
> - タスクスケジューラからExcelマクロを直接実行することはできない
> - Excelマクロを実行するスクリプトファイルを作成し、そのスクリプトファイルをタスクスケジューラから実行することで、Excelマクロの実行を自動化することができる
> - そのほかには、Win32 APIのSleep関数を利用し、一定間隔でクローリング関数を実行する方法もある

5-5　定期的にクローリング／スクレイピングするには　**277**

5-6
クローラーが強制終了した場合の対処

Webページの読み込みに失敗するなどでクローラーにエラーが発生した場合でも、クローリングを継続させる方法について考えてみましょう。また、クローリングが失敗したことをエラーで通知するためのしくみについても説明します。

考えられるエラーの原因

　人は、誰でもミスを犯す生き物です。人が作ったプログラムにも、当然のようにバグが潜んでいると思って差し支えありません。それは、プログラミングの経験が豊富な本職のプログラマーでも同じです。問題は、ミスが起きてしまったその後にどのように対処するかです。ベテランのプログラマーは、ミスを犯してしまった場合に与える影響の範囲を極力小さくし、また迅速に対処するためのしくみをあらかじめ設けておきます。

　もし、クローラーにエラーが発生してプログラムが強制終了してしまった場合、当然のことながら、その時点でクローリングは停止してしまいます。

　しかし、たった1つのWebページの読み込みに失敗したくらいでクローリングが停止するようでは、クローラーとしては失格です。クローラーには、とにかく継続してWebページを収集し続けることが求められます。

　まずは、想定できるエラーの内容をあらかじめピックアップし、そのエラーに対する適切な対処方法を考えてみましょう。

①Webページがなくなってしまった
②HTMLの構造が変更された
③クローリングを実行するコンピューターの不具合
④ネットワーク環境の不具合

①と②については、クローラーの開発者としては防ぎようがない、外部要因です。

　まずは①について。これに関しては、存在しないWebページにアクセスしようとしたのですから、httpによる通信リクエストでは「404 Not Found」エラーが返ってきます。

　Excel VBAから存在しないWebページにアクセスした場合、Internet Explorerからアクセスした場合と同様ですから、

「このページを表示できません」

のようなメッセージがブラウザ上に表示されます。もしくはWebサイトによってはWebページが存在しない時にあらかじめ用意されている別のWebページが表示されるようになっている場合には、想定外のWebページに飛ばされてしまう可能性があります。

　たとえば、完全に存在しないURLをInternet Explorer 11で表示すると、次のようなエラーとなります。

　また、ドメインは存在するものの、Webページが存在せず、存在しないWebページにアクセスしたら別のWebページを表示するようなしくみになっていた場合、あらかじめ用意されているWebページが表示されます。たとえば著者が管理する任意団体のWebサイトにて存在しないWebページを指定した場合、次のようなWebページが表示されます。

5-6　クローラーが強制終了した場合の対処　279

　Yahoo!JAPANのWebページが表示されたのは、任意団体のWebサイトがYahoo!JAPANのジオシティーズのレンタルサーバーを利用しているためです。このように、ドメインによっては存在しないWebページを指定した時に表示するWebページが用意されている場合もあります。こうしたケースの対処は、すぐ後の「エラーが発生した場合の対処」でサンプルプログラムを作ります。

　次に、②について。スクレイピングしたHTMLが想定していたタグの構造と違っていた場合、データが取得できなかったり、データの型変換エラーが発生する可能性があります。

　その場合、すぐに新たなHTMLタグの構造にあわせたプログラムの修正が必要となります。そのため、スクレイピングによるエラーは、任意のメールアドレスにエラーの発生とそのエラーの詳細を送信するようにしておくと良いでしょう。

　③について。これは、たとえば停電によってクローラーを実行しているコンピューターの電源が落ちた場合や、コンピューター自体のハード障害によってクローラーが中断してしまった場合が考えられます。このような場合は、どうしようもありません。早急にコンピューターの電源を入れ直す、代替コンピューターを用意するなど、物理的な対策が必要です。

　コンピューターが起動していない場合を想定すると、障害の発生をメールで通知する方法が取れません。そのため、クローリングできていることを定期的にメールで通知する方法なら、メールが届かなくなった時点でクローラーに問題が発生したと判断することができます。

④も、③と同じ対策で大丈夫でしょう。

エラーが発生した場合の対処

では、クローリングの途中でエラーが発生した場合の対処方法として、サンプルプログラムを作ってみましょう。

今回作成するサンプルプログラムは、

①エラーが発生した日時とエラーの原因、発生箇所をログに出力する
②出力したログをメールで送信する

の2つに挑戦してみます。

ただし②に関しては、Microsoft Outlookからのメール送信を想定していますが、Outlookの環境によっては、メールの送信を自動化できない場合がありますのでご注意ください。

さて、まずは①のプログラムを作成してみましょう。

VBAには、2つのエラー処理があります。

記述方法	内容
On Error Resume Next	エラーが発生した場合でも、引き続き処理を続行する
On Error GoTo [LabelName]	エラーが発生した場合、[LabelName]に指定したラベルにジャンプする

いずれの場合にせよ、上記のエラー処理を元に戻す場合は、「On Error GoTo 0」を使用します。

● 「On Error Resume Next」のサンプル
◆Excel VBAサンプル①

```
'エラーが発生した場合でも処理を続行します
On Error Resume Next
```

```
[エラーが発生する可能性がある処理]

'エラーが発生した場合、ErrオブジェクトのNumberプロパティには0以外が格納されます
If (Err.Number <> 0) Then
    'エラーの詳細は、ErrオブジェクトのDescriptionプロパティを参照すると確認できます
    MsgBox Err.Description
End If
```

●「On Error GoTo [LabelName]」のサンプル
◆Excel VBAサンプル②

```
'エラーが発生した場合、「Label1」ラベルに処理を移動します
On Error GoTo Label1

[エラーが発生する可能性がある処理]

Label1:
    'エラーの詳細は、ErrオブジェクトのDescriptionプロパティを参照すると確認できます
    MsgBox Err.Description
```

　上記の2つのサンプルでは、エラーが発生したタイミングでエラーの詳細をメッセージに表示するようにしてありますが、これをログに出力するようにします。ログ出力に関するロジックは、クラスモジュール化しておくと便利です。
　たとえば、次のようなログ出力クラスを作成します。

◆Excel VBA（ログ操作クラス）

```
Option Explicit


'------------------------------
' 変数定義
'------------------------------
```

```vb
Private logPath As String


'==============================================================
' Property: LogFilePath
'==============================================================
Public Property Let LogFilePath(ByVal vstrData As String)
    logPath = vstrData
End Property

Public Property Get LogFilePath() As String
    LogFilePath = logPath
End Property


'==============================================================
' コンストラクタ
'==============================================================
Private Sub Class_Initialize()

    'プロパティを初期化します
    LogFilePath = ""

End Sub


'**************************************************************
' メソッド名   :LogMsg
' 概要        :パラメーターに指定された文字列をログに出力します
' パラメーター:[s]...ログに出力する文字列
' 戻り値      :なし
'**************************************************************
Public Sub LogMsg(ByVal s As String)

    'ログファイルのパスがプロパティにセットされていなければ処理を抜けます
```

```vb
        If (RTrim(logPath) = "") Then
            Exit Sub
        End If

        'エラーが発生しても処理を続行します
        On Error Resume Next

        'ファイル番号を取得します
        Dim fno As Integer
        fno = FreeFile

        'ログファイルを追加書き込みモードで開きます
        Open logPath For Append As fno

        'パラメーターに指定された文字列をログファイルに書き込みます
        Print #fno, s

        'ログファイルを閉じます
        Close fno

        'エラー処理を元に戻します
        On Error GoTo 0

End Sub


'**************************************************************
' メソッド名  : Clear
' 概要        : ログファイルをクリアします
' パラメーター: なし
' 戻り値      : なし
'**************************************************************
Public Sub Clear()
```

```
        'ログファイルのパスがプロパティにセットされていなければ処理を抜けます
        If (RTrim(logPath) = "") Then
            Exit Sub
        End If

        'エラーが発生しても処理を続行します
        On Error Resume Next

        'ファイル番号を取得します
        Dim fno As Integer
        fno = FreeFile

        'ログファイルを新規書き込みモードで開きます
        Open logPath For Output As #fno

        'ログファイルを閉じます
        Close fno

        'エラー処理を元に戻します
        On Error GoTo 0

End Sub
```

このログ操作クラスのメンバは、次のとおりです。

- LogFilePath　　ログの出力先のフルパスを参照もしくは設定します
- LogMsg　　　　このメソッドに指定した文字列をログに出力します。LogFilePathプロパティが指定されていない場合は、何もしません。
- Clear　　　　　ログファイルをクリアします。LogFilePathプロパティが指定されていない場合は、何もしません。

非常に単純なクラスですが、以下のサンプルコードのように使用します。

◆Excel VBA（ログ操作クラス検証）

```
Option Explicit

'***************************************************************
' メソッド名  ：ログ操作クラス検証
' 概要        ：ログ操作クラス（LogOperator）を検証します
' パラメーター：なし
' 戻り値      ：なし
'***************************************************************
Sub ログ操作クラス検証()

    'ログ操作クラスをインスタンス化します
    Dim log As New LogOperator

    'ログの出力先を指定します
    'このサンプルでは、このマクロファイルと同一フォルダに"sample.log"という
    'ファイル名でログを出力します
    log.LogFilePath = ThisWorkbook.Path & "\sample.log"

    '前回のログをクリアします
    'これがなければ、常に追加書き込みだけとなります
    log.Clear

    'ログを出力します
    'ログ操作クラスのLogMsg()メソッドに指定した文字列をログに出力します
    log.LogMsg "これは、テストです。"

    'ログを出力します
    '以下のように現在時刻をログに含めることで、いつ発生したイベントかを確認でき
ます
```

```
        log.LogMsg Format(CStr(Now), "yyyy-MM-dd hh:nn:ss") & ":
" & "ログ出力開始"

On Error Resume Next

    Dim ans As Integer
    ans = 1 / 0              '※わざと0除算を行い、エラーを発生させています

    'ログを出力します
    'エラーが発生した場合、エラーの原因をログに出力します
    If (Err.Number <> 0) Then
        log.LogMsg Format(CStr(Now), "yyyy-MM-dd hh:nn:ss")
& ": " & Err.Description
    End If

On Error GoTo 0

    'ログを出力します
    log.LogMsg Format(CStr(Now), "yyyy-MM-dd hh:nn:ss") & ":
" & "ログ出力終了"

    Call MsgBox("ログを出力しました。")

End Sub
```

このように、クローリングのロジック内にログを出力する機能を追加しておけば、

・いつクローリングを開始したか
・いつクローリングを終了したか
・クローリングでエラーが発生した場合、そのエラーが発生したのはいつか？
・クローリングでエラーが発生した場合、そのエラーの詳細は何か？

といった内容をログに出力することができます。クローラーは、エラーが発生した場合はログを出力し、クローリングを継続するようにしておきます。

では、今度は出力したログをメールで送信する方法を見てみましょう。

前述のとおり、本書ではMicrosoft Outlookを使用します。それ以外のメーラーでは動作しません。また、Outlookのバージョンによっては動作しませんので、ご注意ください。

まずは、メール操作クラス「OLOperator」を作成します。メールの送信機能しか持たない、シンプルなクラスです。

◆Excel VBA

```
Option Explicit

'------------------------------
' 定数定義
'------------------------------
'Outlook Object
Private Const olMailItem As Integer = 0     '電子メール メッセージ


'------------------------------
' 定数定義
'------------------------------
'プロパティ
Private toAddr As String                    'メール宛先
Private subj As String                      'メール件名
Private body As String                      'メール本文
Private attFiles As Variant                 '添付ファイル
Private attFileCnt As Integer               '添付ファイルの数
Private mOL As Object                       'Outlookオブジェクト


'==============================================================
' Property: 添付ファイル
'==============================================================
```

```vb
Private Property Get AttachedFiles() As Variant
    AttachedFiles = attFiles
End Property

Private Property Let AttachedFiles(ByVal f As Variant)
    attFiles = f
End Property


'===============================================================
' Property: 添付ファイル数
'===============================================================
Private Property Get AttachedFileCount() As Integer
    AttachedFileCount = attFileCnt
End Property

Private Property Let AttachedFileCount(ByVal i As Integer)
    attFileCnt = i
End Property


'===============================================================
' Property: メール宛先
'===============================================================
Public Property Get ToAddress() As String
    ToAddress = toAddr
End Property
Public Property Let ToAddress(ByVal addr As String)
    toAddr = addr
End Property


'===============================================================
' Property: メール件名
'===============================================================
```

```
Public Property Get Subject() As String
    Subject = subj
End Property

Public Property Let Subject(ByVal s As String)
    subj = s
End Property


'===========================================================
' Property: メール本文
'===========================================================
Public Property Get MailBody() As String
    MailBody = body
End Property

Public Property Let MailBody(ByVal bd As String)
    body = bd
End Property


'===========================================================
' コンストラクタ
'===========================================================
Private Sub Class_Initialize()

    'エラーが発生しても処理を続行します
    On Error Resume Next

    'Outlook.Applicationのインスタンスを生成します
    Set OLApp = CreateObject("Outlook.Application")

    'Outlook.Applocationのインスタンス生成に失敗した場合はメッセージを表
示します
```

```
        If (Err.Number <> 0) Then
            MsgBox CStr(Err.Number) & ": " & Err.Description
            Exit Sub
        End If
        
        'エラー処理を通常に戻します
        On Error GoTo 0
        
        'プロパティを初期化します
        ToAddress = ""
        Subject = ""
        MailBody = ""
        AttachedFileCount = 0

End Sub

'===============================================================
' デストラクタ
'===============================================================
Private Sub Class_Terminate()

        'Outlookアプリケーションを解放します
        OLApp.Quit

End Sub

'===============================================================
' Property: OLApp
'===============================================================
Private Property Get OLApp() As Object
    Set OLApp = mOL
End Property
```

```
Private Property Let OLApp(ByVal o As Object)
    Set mOL = o
End Property


'*************************************************************
' メソッド名  :SendMail
' 引数        :Outlookメールを使用してメールを送信します
' パラメーター:なし
' 戻り値      :正常終了ならTrue、そうでなければFalse
'*************************************************************
Public Function SendMail() As Boolean

    '戻り値を初期化します
    SendMail = False

    'エラーが発生した場合でも処理を続行します
    On Error Resume Next

    'Microsoft Outlook Itemオブジェクトのインスタンスを生成します
    Dim olItem As Object
    Set olItem = OLApp.CreateItem(olMailItem)

    '送信メールの情報をセットします
    olItem.to = toAddr
    olItem.Subject = Subject
    olItem.body = body

    'エラーが発生しても処理を続行します
    On Error Resume Next

    '送信メールに添付ファイルをセットします
```

```vb
        Dim i As Integer
        For i = 0 To AttachedFileCount
            '添付ファイルのセットに失敗した場合はメッセージを表示します
            If (AttachedFiles(i) <> "") Then
                olItem.Attachments.Add AttachedFiles(i)
            End If
            If (Err.Number <> 0) Then
                MsgBox CStr(Err.Number) & ": " & Err.Description & vbCrLf & AttachedFiles(i)
                Err.Clear
            End If
        Next i
        
        'エラー処理を通常に戻します
        On Error GoTo 0
        
        'メールを送信します
        olItem.Send
        
        '正常終了を返します
        SendMail = True

End Function

'************************************************************
' メソッド名   :AddFile
' 概要         :添付ファイルを指定します
' パラメーター :[filePath]...添付するファイルのパス
' 戻り値       :なし
'************************************************************
Public Sub AddFile(ByVal filePath As String)
```

第5章

5-6 クローラーが強制終了した場合の対処

```
    '添付ファイルを格納する配列の要素を定義します
    ReDim Preserve AttachedFiles(AttachedFileCount)

    '添付ファイルを配列に格納します
    AttachedFiles(AttachedFileCount) = filePath

    '添付ファイル数を格納する変数をインクリメントします
    AttachedFileCount = AttachedFileCount + 1

End Sub
```

ログ出力クラスと比較すると、少し長めのサンプルコードです。Excelアプリケーションと同様、プロジェクトからOutlook.Applicationを参照設定することもできますし、CreateObject関数によって動的にCOM参照することも可能です。上記サンプルでは、CreateObject関数によって動的にOutlookのCOMを参照しています。

このクラスは、次のように使用します。

◆Excel VBA

```
Option Explicit

'****************************************************************
' メール送信サンプル
'****************************************************************
Sub メール送信サンプル()

    'メール操作クラス（OLOperator）をインスタンス化します
    Dim ol As New OLOperator

    '送信メールの情報を指定します
    ol.ToAddress = "hoge@hogehoge.mail"
    ol.Subject = "クローリング結果通知"
    ol.MailBody = "本日分のクローリング結果の通知です。"
```

```
    'メールにファイルを添付します
    ol.AddFile "C:\test\a.txt"

    'メールを送信します
    ol.SendMail

End Sub
```

　まずは、メール操作クラス（OLOperator）のインスタンスを生成し、それを変数「ol」にセットしています。メール操作クラスは、以下のプロパティとメソッドを外部に公開しています。

メンバ	種類	内容
ToAddress	プロパティ	メール送信先アドレスを設定もしくは取得します。
Subject	プロパティ	メール件名を設定もしくは取得します。
MailBody	プロパティ	メール本文を設定もしくは取得します。
SendMail	メソッド	メールを送信します。
AddFile	メソッド	添付ファイルを付加します。

　最低でもメールの送信先アドレスの指定は必要です。その他、件名と本文を指定し、必要に応じて添付ファイルを付加します。添付ファイルの付加は、AddFileメソッドで行います。

　送信メールの内容をOLOperatorにセットしたら、SendMailメソッドを実行することで、送信先アドレスに指定したメールアドレスにメールを送信します。

　添付ファイルとして、本節の最初に説明したログ出力クラスから出力したログファイルを指定すれば、定期的にクローリングの実行結果をメールで通知するシステムを構築することも可能です。

　ただし、本節のメール送信サンプルは、以下の条件を満たしている場合のみ使用することできることを再度お伝えしておきます。

・Microsoft Outlookのメーラーを使っている場合

- Microsoft Outlookのバージョンにより、メールの自動送信に確認メッセージが表示されるなどの現象があるため、完全なる自動化ができない可能性がある

上記に該当しない場合は、別途メール送信のロジックを新たに構築する必要があります。

> **この節のまとめ**
> - クローラーは、たった1つのWebページの読み込みに失敗した程度で強制終了してはならない
> - クローラーには、正常にクローリングできているかどうかをログに出力する機能が実装されていると便利
> - クローラーにログ出力機能を実装し、さらにそのログを所定のメールアドレスに送信するようにしておけば、クローリングが正常に行われているかどうかをすぐに認識することができる

COLUMN

オープンデータを活用する

オープンデータとは、誰もが自由に使える、再配布も可能なデータのことを言います。オープンデータと開かれた政府（オープンガバメント）を推進する「Open Knowledge Foundation」によれば、オープンデータを次のように定義しています。

- 利用できる、そしてアクセスできる
  データ全体を丸ごと使えないといけないし、再作成に必要以上のコストがかかってはいけない。望ましいのは、インターネット経由でダウンロードで

きるようにすることだ。また、データは使いやすく変更可能な形式で存在しなければならない。

・再利用と再配布ができる
データを提供するにあたって、再利用や再配布を許可しなければならない。また、他のデータセットと組み合わせて使うことも許可しなければならない。

・誰でも使える
誰もが利用、再利用、再配布をできなければならない。データの使い道、人種、所属団体などによる差別をしてはいけない。たとえば「非営利目的での利用に限る」などという制限をすると商用での利用を制限してしまうし「教育目的での利用に限る」などの制限も許されない

....

オープンデータとは何か
http://opendatahandbook.org/guide/ja/what-is-open-data/

日本政府も、様々なデータをオープンデータとして公開しています。日本におけるオープンデータの取り組みやオープンデータの検索については、以下のサイトを利用するのがよいでしょう。

DATA GO JP
http://www.data.go.jp/

　例として、私が勤めている会社では、国交省が公開しているエコカー減税対象車両データともとに、重量税の金額を計算するWebサイトを公開しています。このWebサイトは、1日に何万件もアクセス件数があり、アクセス解析によれば、平日の日中のリアルタイムアクセスは常に200から300件以上、多いときでは500から600件以上も常にアクセスされた状態です。
　オープンデータの利用しだいでは、この例のような爆発的なアクセス件数を誇るWebサイトを構築することも可能でしょう。

5章のおさらい

　本章では、クローラーの運用の際に有効なテクニックについて説明しました。重要な点をもう一度おさらいすると、

- クローリングを高速化したい場合、複数のWebページを同時に読み込むためのしくみが必要。ただし、Excel VBAの場合、マルチスレッドが使用できないため、VBScriptなどを利用して複数のタスクを操作する
- 大量のWebデータをクローリングする場合、データの保存先としてデータベースを利用するのがおすすめ。クローリングで収集したデータをデータベースに保存しておき、あとでスクレイピングを実行することも可能
- 定期的にクローリングを実行する場合、Windows標準のタスクスケジューラなどによってクローラーを自動実行する方法を考慮する。ただし、タスクスケジューラーはExcelマクロを直接実行できないため、VBScriptなどからExcelマクロを実行するようにしておき、そのスクリプトファイルをタスクスケジューラーから実行するなどのしくみが必要
- クローリングはたった1回のWebページの読み込みに失敗したぐらいで、処理を中断させてはならない

の4点が有用となるでしょう。

第 6 章

プログラムが文章を理解するために

本章では、プログラムが文章を理解するしくみについて説明します。最近流行りの人工知能（AI：Artificial Intelligence）にも利用されている技術です。

本章の目的は、クローリングによって収集したテキストデータをスクレイピングし、それを活用することです。

まずは、Excel VBAで文章を単語単位に分割する方法を説明します。文章を単語単位に分割し、その単語に該当する品詞を求めることを、「形態素解析」と言います。本書では、さまざまな方法で形態素解析を実行するサンプルスクリプトを掲載しています。

次にクローリングで得たデータを形態素解析によって単語単位に分割された文章を構築し直すことで、新たな文章を組み上げる手法について説明します。本書では、「マルコフ連鎖」という手法によって、単語単位に分割された文章を再構築します。

最後に、「ベイズ推定」という統計の方法によって、文章をあらかじめ用意していた分類に分ける手法について説明します。実際、本書で説明する手法は、スパムメールの判別にも使用されています。

6-1
形態素解析を利用して文章を品詞に分割する

本節では、形態素解析によって文章を品詞に分割する手法について見てみます。クローリングによって収集したテキストデータ、つまりはWebページの文章を品詞に分割することで、プログラムによって文章を再構築したり、他の文章の解析でその品詞を利用できるようになります。スパムメールの判別にも使われている技術です。

形態素解析とは

　本節は、Excel VBAによって文章を形態素解析する方法について説明します。形態素解析とは、人間が日常的に話したり書いたりした文章である自然言語をプログラムが処理するための技術です。あらかじめプログラムによって記録された品詞データをもとに、解析対象となる自然言語を品詞に分割します。
　「あらかじめ記録された」と述べたとおり、システム上で形態素解析を行う場合、この「あらかじめ記録された」品詞の辞書データが必要となります。この辞書データと形態素解析のアルゴリズムについては、無償で利用可能なさまざまなツールがありますので、本書の形態素解析サンプルでも、それらのツールを利用します。
　形態素解析のためのツールには、次のようなものがあります。

・MeCab
・Yahoo! API
・Microsoft Word

　これから、これらの3種類のツールを利用して、形態素解析を行うサンプルコードを作成してみましょう。

- プログラムに文章を理解させるには、まずは文章を形態素解析する必要がある
- 文章を形態素解析するには、品詞の辞書データが必要

MeCabを用いた形態素解析

まず最初に、MeCabというツールを利用して形態素解析を行うサンプルを作成してみましょう。MeCabとは、「京都大学情報学研究科　日本電信電話株式会社コミュニケーション科学基礎研究所　共同研究ユニットプロジェクト」を通じて開発された、オープンソースの形態素解析エンジンです。

ちなみに、MeCabはメカブと読みます。和名は「和布蕪」と書くようで、本ツールの作者の好物のようです。

MeCabは、実行環境にインストールする必要があります。まずは、MeCabのダウンロードサイトを開きます。MeCabのダウンロードサイトは、次のとおりです。

MeCab: Yet Another Part-of-Speech and Morphological Analyzer
http://taku910.github.io/mecab/

上記サイトに接続したら、「目次」の「ダウンロード」をクリックします。同一Webページ内の「ダウンロード」にジャンプします。

　本書の読者はWindowsユーザーかと思いますので、「MeCab本体」の「Binary package for MS-Windows」から最新版のMeCabのインストーラーをダウンロードします。

　インストーラーの実行ファイル名（mecab-x.xxx.exe）のとなりの"ダウンロード"のリンクをクリックすると、MeCabのインストーラーをダウンロードできます。

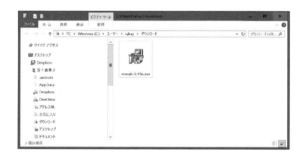

　インストーラーをダウンロードしたら、そのインストーラーを実行します。実行すると、次のような言語選択のウィンドウが表示されます。"日本語"を選択します。

　言語を選択すると、「MeCab セットアップウィザードの開始」ウィンドウが表示されます。「次へ」ボタンをクリックします。

　インストールする辞書の文字コードを指定するウィンドウが表示されます。"SHIFT-JIS"を選択し、「次へ」ボタンをクリックします。

　「使用許諾契約書の同意」ウィンドウが表示されます。"同意する"にチェックを入れ、「次へ」ボタンをクリックします。

6-1　形態素解析を利用して文章を品詞に分割する　**303**

　MeCabのインストール先を指定するウィンドウが表示されます。特にこだわりがなければ、そのまま「次へ」ボタンをクリックします。

　スタートメニューに登録する「プログラムグループの指定」ウィンドウが表示されます。こちらも特にこだわりがなければ、そのまま「次へ」ボタンをクリックします。

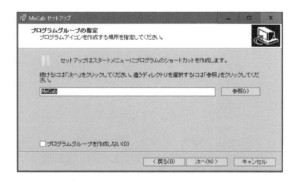

これで、インストールの準備は完了です。「インストール」ボタンをクリックします。

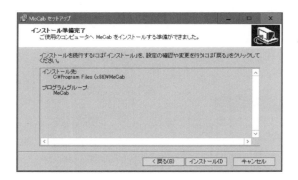

　インストール状況が表示されます。

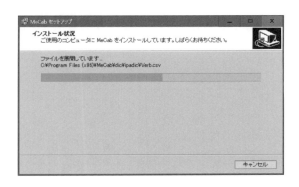

　途中、管理者権限を持つユーザーでインストーラーを実行した場合、次のような確認メッセージが表示されます。

　管理者権限を持つユーザーでインストーラーを実行した場合、そのコンピューター

のすべてのログインユーザーアカウントにMeCabの実行権限を与えることができます。こちらに関しても、特に問題がなければ「はい」（すべてのログインユーザーアカウントにMeCabの実行権限を与える設定）で良いでしょう。

　MeCabのインストール後、続いてMeCabの辞書をインストールする旨の確認メッセージが表示されます。「OK」ボタンをクリックします。

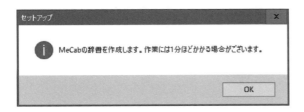

　コマンドプロンプトのウィンドウ（通称、DOS窓）が開き、辞書が展開されている様子が表示されます。終わるまで待ちましょう。

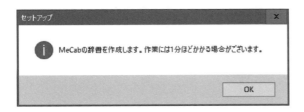

　しばらく後、次のようにMeCabのインストール完了を通知するウィンドウが表示されます。

これで、MeCabのインストールは完了です。

では、MeCabを使った形態素解析を行うサンプルプログラムを作成してみましょう。MeCabの使い方は、MeCabを実行する際にその起動パラメーターとして形態素解析を行いたい文章が保存されているテキストファイルを読み込ませます。MeCabによって形態素解析した結果は、指定のテキストファイルに出力できます。

これから作成するサンプルプログラムは、MeCabによって形態素解析するテキストファイルとその結果をテキストファイルに出力するバッチファイルを、端末のテンポラリに作成し、そのバッチファイルを実行する方法を取っています。Excel VBA上では、そのバッチファイルの実行によって出力された形態素解析の結果のテキストファイルを読み込みます。

形態素解析を行う部分のロジックについては、このサンプルプログラムに限らず汎用的に使うことを考慮し、クラスモジュール化しました。以下、MeCabによる形態素解析を行うクラスモジュールのソースコードです。

◆Excel VBA（形態素解析byMeCab）

```
'++++++++++++++++++++++++++++++++++++++++++++++++++++++++++++++++
' MeCabツールを利用した形態素解析クラス
'++++++++++++++++++++++++++++++++++++++++++++++++++++++++++++++++
Option Explicit



'----------------------------------------
' Win32 API定義
'----------------------------------------
```

```
Private Declare Function GetWindowThreadProcessId Lib "user32.dll" (ByVal hwnd As Long, ByRef ProcessId As Long) As Long
Private Declare Function WaitForSingleObject Lib "KERNEL32.DLL" (ByVal hHandle As Long, ByVal dwMilliseconds As Long) As Long
Private Declare Function OpenProcess Lib "KERNEL32.DLL" (ByVal dwDesiredAccess As Long, ByVal bInheritHandle As Long, ByVal dwProcessId As Long) As Long
Private Declare Function CloseHandle Lib "KERNEL32.DLL" (ByVal hObject As Long) As Long

'----------------------------------------
' 定数定義
'----------------------------------------
Private Const SYNCHRONIZE As Long = &H100000
Private Const INFINITE As Long = &HFFFF


'----------------------------------------
' 変数定義
'----------------------------------------
Private mRes As Variant             'プロパティ：実行結果
Private mMeCabPath As String        'プロパティ：MeCab実行ファイルのパス


'==========================================================
' プロパティ：実行結果（配列型）
'==========================================================
Public Property Get Result() As Variant
    Result = mRes
End Property

Private Property Let Result(ByRef rArr As Variant)
    mRes = rArr
End Property
```

```
'=============================================================
' プロパティ：MeCabツールの実行ファイルのフルパス
'=============================================================
Public Property Get MeCabPath() As String

    'パスが指定されていなければ、初期インストールフォルダから検索
    If (mMeCabPath = "") Then
        Dim fso As Object
        Set fso = CreateObject("Scripting.FileSystemObject")

        '下記のいずれかに存在するか、確認
        'C:\Program Files (x86)\MeCab\bin\mecab.exe
        'C:\Program Files\MeCab\bin\mecab.exe
        Dim pf As Variant
        pf = Array("C:\Program Files (x86)\MeCab\bin\mecab.exe", "C:\Program Files\MeCab\bin\mecab.exe")
        Dim i As Integer
        For i = 0 To UBound(pf)
            If (fso.FileExists(pf(i))) Then
                mMeCabPath = pf(i)
                Exit For
            End If
        Next i
    End If

    MeCabPath = mMeCabPath
End Property

Public Property Let MeCabPath(ByVal mpath As String)
    mMeCabPath = mpath
End Property
```

6-1 形態素解析を利用して文章を品詞に分割する **309**

```vb
'===========================================================
' イベント：コンストラクタ
'===========================================================
Private Sub Class_Initialize()
    Result = Array()
End Sub


'***********************************************************
' メソッド名  ：Execute
' 概要        ：MeCabツールを実行し、形態素解析を行う
' パラメーター：[tgtFile]...形態素解析を行う内容が記述されているテキストファ
イル
' 戻り値      ：なし
'***********************************************************
Public Sub Execute(ByVal tgtFile As String)

    'MeCabファイルの存在チェック
    If (MeCabPath = "") Then
        Err.Raise 53, , "MeCab.exeが見つかりません。"
        Exit Sub
    End If


    'FileSystemObjectをインスタンス化
    Dim fso As Object
    Set fso = CreateObject("Scripting.FileSystemObject")


    'パラメーターに指定されたテキストファイルの存在チェック
    If (fso.FileExists(tgtFile) = False) Then
        Err.Raise 53, , tgtFile & "が見つかりません。"
        Exit Sub
    End If
```

```
'MeCabを実行するバッチファイルのパスをTEMPフォルダに指定
Dim batPath As String
batPath = Environ("TEMP") & "\形態素解析byMeCab.bat"

'すでに存在するバッチファイルを削除
If (fso.FileExists(batPath)) Then
    Call fso.DeleteFile(batPath)
End If

'バッチファイルを作成
Dim batFile As Object
Set batFile = fso.CreateTextFile(batPath)

'MeCabの実行結果を出力するテキストファイルをTEMPフォルダに指定
Dim resPath As String
resPath = Environ("TEMP") & "\形態素解析byMeCab.txt"

'バッチファイルの内容
Dim cmd As String
cmd = """" & MeCabPath & """" & " " & """" & tgtFile & """" & " > " & """" & resPath & """"

'バッチファイルに書き込み
batFile.WriteLine cmd
batFile.Close

'バッチファイルを実行
Dim pid As Long
pid = Shell(batPath, vbHide)

'指定したプロセスIDが解放されるまで処理を待機
```

```
        Call WaitForExitProcessID(pid)

        'MeCabの実行結果を出力したテキストファイルを開く
        Dim resFile As Object
        Set resFile = fso.OpenTextFile(resPath, 1, False)

        'MeCabの実行結果を出力したテキストファイルの内容をすべて読み込み
        Dim s As String
        s = resFile.ReadAll

        'MeCabの実行結果を出力したテキストファイルを改行で区切ってResultプロパ
ティにセット
        Result = Split(s, vbCrLf)
End Sub

'*************************************************************
' メソッド名  ：WaitForExitProcessID
' 概要        ：指定されたウィンドウハンドルが解放されるまで処理を待機
' パラメーター：[hwnd]...ウィンドウハンドル
'               [msec]...待機する間隔（ミリ秒）
' 戻り値      ：なし
'*************************************************************
Private Sub WaitForExitProcessID(ByVal pid As Long, Optional
ByVal msec As Long = INFINITE)
        'プロセスIDからプロセスハンドルを取得
        Dim hPh As Long
        hPh = OpenProcess(SYNCHRONIZE, 0&, pid)

        'プロセスハンドルが終了されるまで処理を待機
        If (hPh <> 0) Then
            Call WaitForSingleObject(hPh, msec)
            Call CloseHandle(hPh)
```

```
    End If
End Sub
```

この形態素解析クラス（形態素解析byMeCab）のパブリックなメンバは、次のとおりです。

メンバ	種類	内容
Result	プロパティ	形態素解析の実行結果を配列型で参照します
MeCabPath	プロパティ	MeCabツールの実行ファイルのパスを設定もしくは取得します
Execute	メソッド	形態素解析を実行します

Executeメソッドを実行すると、次のような手順で形態素解析が行われます。

①MeCab.exeを実行するためのバッチファイルを端末のテンポラリフォルダに作成する
②①で作成したバッチファイルを実行し、そのバッチファイルの実行が終わるまで処理を待機する
③バッチファイルの実行によって作成された形態素解析の結果ファイルを読み込む

形態素解析の結果は、Resultプロパティに配列型として格納されます。Executeメソッドを実行する前に、事前にMeCabPathプロパティにMeCab.exeへのフルパスを指定します。このプロパティにMeCab.exeのパスを指定せずにExecuteメソッドを実行した場合、MeCab.exeへのパスはProgram Filesフォルダ（もしくはProgram Files(x86)フォルダ）にあるものとして処理します。

さて、例として、この形態素解析クラスを使用するサンプルプログラムを紹介しましょう。

◆Excel VBA（形態素解析byMeCab　利用例）
```
Option Explicit

'****************************************************
'  メソッド名  ：形態素解析サンプル
```

```vb
' 概要        :形態素解析クラスの使用例
' パラメーター:なし
' 戻り値      :なし
'************************************************************
Sub 形態素解析サンプル()

    'MeCabクラスをインスタンス化
    Dim cls解析 As New 形態素解析byMeCab

    '形態素解析の対象となるテキストファイルのフルパス
    'このExcelマクロファイルと同一フォルダに配置する
    Dim filePath As String
    filePath = ThisWorkbook.Path & "\形態素解析サンプル.txt"

    On Error GoTo Exception

    '形態素解析を実行
    Call cls解析.Execute(filePath)

    '形態素解析の実行結果をメッセージ表示
    Dim i As Integer
    For i = 0 To UBound(cls解析.Result) - 1
        MsgBox cls解析.Result(i)
    Next i

    Exit Sub

'例外処理
Exception:
    Call MsgBox(CStr(Err.Number) & ":" & Err.Description, _
vbCritical + vbOKOnly)
```

```
End Sub
```

　Excelマクロファイルと同一フォルダに「形態素解析サンプル.txt」というファイル名でテキストファイルを作成し、その中に形態素解析する文字列を入力しておきます。
　たとえば、「すもももももももものうち」と入力しておき、上記サンプルプログラムを実行してみましょう。

　入力した文字列が、品詞ごとに分割されて1つ1つメッセージに表示されるのを確認することができます。
　形態素解析byMeCabクラスの使い方は、まずはクラスをインスタンス化したあとに、Execute()メソッドに形態素解析したいテキストファイルのパスをパラメーターとして実行するだけです。

```
'形態素解析を実行
Call cls解析.Execute(filePath)
```

　形態素解析の結果は、品詞ごとに文字列型配列に分割されてResultプロパティに格納されます。サンプルプログラムでは、その配列の内容を1つずつメッセージで表示します。

```
'形態素解析の実行結果をメッセージ表示
Dim i As Integer
For i = 0 To UBound(cls解析.Result) - 1
    MsgBox cls解析.Result(i)
Next i
```

このメッセージの内容は、MeCabの実行結果そのもので、次のようなデータの配列となっています。

　　　　表層形\t品詞,品詞細分類1,品詞細分類2,品詞細分類3,活用型,活用形,原形,読み,発音

　MeCabは、実行時に既定のパラメーターを指定することで、実行結果の出力フォーマットを変えることができます。詳しくは、上記のMeCabダウンロードサイトをご覧ください。

Yahoo! APIを用いた形態素解析

　今度は、Yahoo! APIを使った形態素解析をExcel VBAに取り込む方法を見てみましょう。
　Yahoo! APIとは、Yahoo! JAPANが提供するWeb APIのことです。Yahoo! APIを利用することで、Yahoo!ポータルサイトと連携したさまざまなサービスを受けることが可能です。
　たとえば、Yahoo!ショッピングサイトと連携して商品リストを作成したり、商品の売り上げランキングを取得することができます。また、Yahoo!知恵袋と連携して質問データを検索したり、新着の質問を取得することができます。
　さて、Yahoo! APIで形態素解析を行うには、Yahoo! APIのURLに対し、形態素解析を行う文字列を付記して当該URLにアクセスするだけです。
　Yahoo! APIを使った形態素解析のメリットは、インターネットにつながる環境であれば使える点です。MeCabのように、形態素解析を行う端末にツールをインストールする必要がありません。
　逆に、インターネットにつながる環境でなければ形態素解析ができないことがデメリットと言えます。ただ、クローラーを実行する環境であればインターネット接続が必須となりますので、このデメリットは考える必要はないでしょう。
　もう1つデメリットを挙げるとすれば、Yahoo! APIを利用するための前準備として、Yahoo!アカウントを取得しなければならないことでしょうか。こちらも、大したデメリットにはならないでしょう。

さて、Yahoo!アカウントをお持ちでなければ、まずはYahoo!アカウントを取得するところから始めましょう。本書では、Yahoo!アカウントの取得方法については説明しません。各自で取得しておいてください。

Yahoo!アカウントの取得したら、次にYahoo!サービスとの連携を行うためのYahoo!デベロッパーネットワークのサイトを開きましょう。

  Yahoo!JAPAN デベロッパーネットワーク
  https://debeloper.yahoo.co.jp

Yahoo!デベロッパーネットワークのサイトを開いたら、画面上部の「アプリケーションの管理」をクリックします。

「アプリケーションの管理」には、ログイン中のYahoo!アカウントにて登録したYahoo! APIを利用するアプリケーションの一覧が表示されます。Yahoo! APIを利用する場合、このWebページからYahoo! APIを登録するためのアプリケーション情報を登録する必要があります。おそらく、ほとんどの読者は使用したことがないと思われますので、こちらには上記の画像のように、何も登録されていない状態になっているかと思います。

このページにて、「新しいアプリケーションを開発」ボタンをクリックします。

6-1 形態素解析を利用して文章を品詞に分割する **317**

　Yahoo! APIを利用するアプリケーションの情報を登録するページが表示されます。このWebページから、Excel VBAクローラーの情報を入力します。

318　6章　プログラムが文章を理解するために

大分類	分類	説明
Web APIを利用する場所	アプリケーションの種類	ExcelVBAのクローラーの場合、「クライアントサイド」に該当します
アプリケーションの基本情報	Yahoo! JAPAN ID	Yahoo!アカウントにログインしているアカウント名が表示されます。変更できません
	連絡先メールアドレス	Yahoo!アカウントの登録の際に利用したメールアドレスが初期表示されます
	アプリケーション名	クローラーの名前です。何を入力しても構いません
	サイトURL	開発するクローラーに関連するWebサイトのURLを入力します。 たとえば、会社の業務として開発する場合は会社のURLを、個人で開発する場合はあなたのWebサイトのURLを入力します
	アプリケーションの説明	開発するクローラーに関する説明を入力します
	利用するスコープ	クローラーの開発ではチェック不要です
ガイドラインを確認する	ガイドラインに同意しますか？	「同意する」にチェックを入れます

すべて入力し終えたら、ページ下部の「確認」ボタンをクリックします。「入力内容の確認」ページが表示されます。表示されている内容が正しければ、「登録」ボタンをクリックします。

6-1　形態素解析を利用して文章を品詞に分割する

「登録完了」ページが表示されます。このページに「Client ID」という文字列が表示されています。Yahoo! APIを利用する際に必要となりますので、コピーしてテキストファイル等に保存しておいてください。

これで、Yahoo! APIの登録は完了です。先ほどの「アプリケーション管理」のページにて、登録したアプリケーションの情報が表示されるのを確認してください。

では、いま登録したYahoo! APIを使ってExcel VBAで形態素解析を行ってみましょ

う。MeCabによる形態素解析と同様、まずは汎用的に利用可能なクラスモジュールを作成します。

◆Excel VBA（形態素解析byYahoo）

```
'++++++++++++++++++++++++++++++++++++++++++++++++++++++++
' Yahoo！WebAPIを利用した形態素解析クラス
'++++++++++++++++++++++++++++++++++++++++++++++++++++++++
Option Explicit


'----------------------------------------
' 定数定義
'----------------------------------------

'あなたのAPPID
Private Const APPID As String = "（あなたのAPPID）"


'----------------------------------------
' 変数定義
'----------------------------------------

Private mRes As Variant                    'プロパティ：実行結果


'========================================================
' プロパティ：実行結果（配列型）
'========================================================
Public Property Get Result() As Variant
    Result = mRes
End Property

Private Property Let Result(ByRef rArr As Variant)
    mRes = rArr
End Property


'========================================================
```

6-1 形態素解析を利用して文章を品詞に分割する **321**

```vb
' プロパティ：形態素解析のURL（配列型）
'===========================================================
Private Property Get YahooDevURL(ByVal 文章 As String)
    Const url As String = "http://jlp.yahooapis.jp/MAService/V1/parse?appid="
    YahooDevURL = url & APPID & "&results=ma&sentence=" & Replace(文章, vbCrLf, "")
End Property


'===========================================================
' イベント：コンストラクタ
'===========================================================
Private Sub Class_Initialize()
    Result = Array()
End Sub


'***********************************************************
' メソッド名　：Execute
' 概要　　　　：Yahoo!WebAPIを利用し、形態素解析を行う
' パラメーター：[tgtFile]...形態素解析を行う内容が記述されているテキストファイル
'             :[rs()]...形態素解析の結果を格納する構造体
' 戻り値　　　：なし
'***********************************************************
Public Sub Execute(ByVal tgtFile As String, ByRef rs() As wordList)

    'FileSystemObjectをインスタンス化
    Dim fso As Object
    Set fso = CreateObject("Scripting.FileSystemObject")

    'パラメーターに指定されたテキストファイルの存在チェック
```

```
If (fso.FileExists(tgtFile) = False) Then
    Err.Raise 53, , tgtFile & "が見つかりません。"
    Exit Sub
End If

'パラメーターに指定されたテキストファイルを読み込み
Dim s As String
s = fso.OpenTextFile(tgtFile, 1, False).ReadAll

'形態素解析を行うURLを作成
Dim url As String
url = Replace(YahooDevURL(s), vbCrLf, "")

'XMLオブジェクトを生成
Dim xml As Object
Set xml = CreateObject("WinHttp.WinHttpRequest.5.1")
xml.Open "GET", url, False
xml.send

'DOMオブジェクトを生成
Dim doc As Object
Set doc = CreateObject("Microsoft.XMLDOM")
doc.async = False
doc.LoadXML (xml.responseText)

'Yahoo! WebAPI形態素解析の結果XMLを解析
'
'/ma_result                       ...doc
'    /total_count                 ...doc.ChildNodes(0)
'    /filtered_count              ...doc.ChildNodes(1)
'    /word_list                   ...doc.ChildNodes(2)
'        /word                    ...doc.ChildNodes(2).
```

6-1 形態素解析を利用して文章を品詞に分割する **323**

```
ChildNodes(0)
    '            /surface/    ...doc.ChildNodes(2).ChildNodes(0).ChildNodes(0)
    '            /reading/    ...doc.ChildNodes(2).ChildNodes(0).ChildNodes(1)
    '            /pos/        ...doc.ChildNodes(2).ChildNodes(0).ChildNodes(2)
    '         /word           ...doc.ChildNodes(2).ChildNodes(1)
    '            /surface/    ...doc.ChildNodes(2).ChildNodes(1).ChildNodes(0)
    '            /reading/    ...doc.ChildNodes(2).ChildNodes(1).ChildNodes(1)
    '            /pos/        ...doc.ChildNodes(2).ChildNodes(1).ChildNodes(2)
    '
    '                            ...
    '

    'word_listのNodeのインスタンス
    Dim wordList As Object
    Set wordList = doc.DocumentElement.ChildNodes(0).ChildNodes(2).ChildNodes

    'XMLデータを構造体に格納
    Dim i As Integer
    For i = 0 To wordList.Length - 1
        ReDim Preserve rs(i)

        rs(i).surface = wordList.Item(i).ChildNodes.Item(0).Text
        rs(i).reading = wordList.Item(i).ChildNodes.Item(1).
```

```
Text
        rs(i).pos = wordList.Item(i).ChildNodes.Item(2).Text
    Next

End Sub
```

ソースコードの上部にある「APPID」には、先ほど取得したClient IDを指定します。

```
'----------------------------------------
'  定数定義
'----------------------------------------
'あなたのAPPID
Private Const APPID As String = "（あなたのAPPID）"
```

Yahoo! APIによって形態素解析されたデータは、XML形式で取得します。Yahoo! APIからどのような結果が返ってくるのかを調べたければ、下のようなURLを生成し、そのURLにアクセスしてみてください。

http://jlp.yahooapis.jp/MAService/V1/parse?appid=（あなたのAPPID）&results=ma&sentence=すもももももももものうち

形態素解析の結果がXML形式でブラウザに表示されるのを確認できます。

◆XML

```
<ResultSet xmlns:xsi="http://www.w3.org/2001/XMLSchema-instance" xmlns="urn:yahoo:jp:jlp" xsi:schemaLocation="urn:yahoo:jp:jlp https://jlp.yahooapis.jp/MAService/V1/parseResponse.xsd">
<ma_result>
<total_count>7</total_count>
<filtered_count>7</filtered_count>
<word_list>
```

```xml
<word>
<surface>すもも</surface>
<reading>すもも</reading>
<pos>名詞</pos>
</word>
<word>
<surface>も</surface>
<reading>も</reading>
<pos>助詞</pos>
</word>
<word>
<surface>もも</surface>
<reading>もも</reading>
<pos>名詞</pos>
</word>
<word>
<surface>も</surface>
<reading>も</reading>
<pos>助詞</pos>
</word>
<word>
<surface>もも</surface>
<reading>もも</reading>
<pos>名詞</pos>
</word>
<word>
<surface>の</surface>
<reading>の</reading>
<pos>助詞</pos>
</word>
<word>
<surface>うち</surface>
```

```
<reading>うち</reading>
<pos>名詞</pos>
</word>
</word_list>
</ma_result>
</ResultSet>
```

つまり上記のクラスモジュールは、Executeメソッドのパラメーターとして指定されたテキストファイルを読み込み、その内容をYahoo! APIのURLに指定することでXMLとして取得した形態素解析の結果を解釈しています。

メンバ	種類	内容
Result	プロパティ	形態素解析の実行結果を配列型で参照します
Result	メソッド	形態素解析を実行します

では、このクラスモジュールを使って、Yahoo! APIによる形態素解析を行ってみましょう。このクラスモジュールを使うサンプルは、以下のとおりです。

◆Excel VBA（形態素解析byYahoo　利用例）

```
Option Explicit


'----------------------------------------
'  構造体定義
'----------------------------------------
'Yahoo! WebAPI形態素解析の結果XMLの構造
Public Type wordList
    surface As String                       '単語
    reading As String                       '読み
    pos As String                           '品詞
End Type


'*********************************************************
```

6-1 形態素解析を利用して文章を品詞に分割する　**327**

```vb
'   メソッド名    ：形態素解析サンプルbyYahoo
'   概要         ：形態素解析クラスの使用例
'   パラメーター ：なし
'   戻り値       ：なし
'***************************************************************
Sub 形態素解析サンプルbyYahoo()

    'クラスをインスタンス化
    Dim cls解析 As New 形態素解析byYahoo

    '形態素解析の対象となるテキストファイルのフルパス
    'このExcelマクロファイルと同一フォルダに配置する
    Dim filePath As String
    filePath = ThisWorkbook.Path & "\形態素解析サンプル.txt"

    On Error GoTo Exception

    '形態素解析の結果を格納する構造体を定義
    Dim rs() As wordList

    '形態素解析を実行
    Call cls解析.Execute(filePath, rs())

    '形態素解析の実行結果をメッセージ表示
    Dim i As Integer
    For i = 0 To UBound(rs)
        MsgBox rs(i).surface
    Next i

    Exit Sub

'例外処理
```

```
Exception:
    Call MsgBox(CStr(Err.Number) & ":" & Err.Description,
vbCritical + vbOKOnly)

End Sub
```

　このサンプルも、マクロファイルと同一フォルダにある「形態素解析サンプル.txt」を読み込み、その内容を形態素解析します。実行すると、テキストファイルの内容が品詞ごとに分割され、1つずつメッセージに表示されるのが確認できます。

　形態素解析の結果は、「単語」「読み」「品詞」の3種類が構造体に格納されます。形態素解析byYahooクラスには、この構造体をパラメーターとしてExecute()メソッドに渡します。

```
'Yahoo！WebAPI形態素解析の結果XMLの構造
Public Type wordList
    surface As String                   '単語
    reading As String                   '読み
    pos As String                       '品詞
End Type
```

　Execute()メソッド実行後、この構造体のデータを1件ずつ参照し、単語のみをメッセージに表示しています。

```
'形態素解析の実行結果をメッセージ表示
Dim i As Integer
For i = 0 To UBound(rs)
    MsgBox rs(i).surface
Next i
```

Microsoft Wordで代替する場合

　最後に、Microsoft Wordを使った場合を見てみましょう。Microsoft Wordの場合、形態素解析ではなく、文章を品詞単位で分割する機能だけを利用できます。つまり、品詞単位で分割できても品詞名を取得することができません。ちなみに、文章を品詞単位に分割する作業のことを「分かち書き」と言います。

　Wordを使う最大のメリットは、事前準備がまったく不要という点です。Wordであれば、Excelがインストールされている環境であればおそらく一緒にインストールされていることでしょう。

　デメリットは、形態素解析ではないということです。すなわち、品詞の種類を取得することはできません。また、分かち書きの精度も上記2つのツールと比較すると甘く、たとえばひらがなばかりの「すもももももももものうち」(李も桃も桃の内) を正確に分かち書きできたでしょうか。結果は、次のようになります。

　　1. すもももももももも
　　2. のうち

上記2つのツールであれば、以下のように正常な分かち書きの結果が得られます。

　　1. すもも
　　2. も
　　3. もも
　　4. も
　　5. もも
　　6. の

7. うち

この例のとおり、精度に欠ける分かち書きですが、一応、Microsoft Wordを利用した分かち書きのサンプルも掲載します。まずは、前者2つの場合と同様、汎用的なクラスモジュールを作成します。

◆Excel VBA（形態素解析byMSWord）

```
'++++++++++++++++++++++++++++++++++++++++++++++++++++++++++++
' MSWordを利用した形態素解析クラス ("分かち書き"のみ)
'++++++++++++++++++++++++++++++++++++++++++++++++++++++++++++
Option Explicit


'----------------------------------------
' 変数定義
'----------------------------------------
Private mRes As Variant                         'プロパティ：実行結果


'============================================================
' プロパティ：実行結果（配列型）
'============================================================
Public Property Get Result() As Variant
    Result = mRes
End Property


Private Property Let Result(ByRef rArr As Variant)
    mRes = rArr
End Property


'============================================================
' イベント：コンストラクタ
'============================================================
Private Sub Class_Initialize()
```

6-1 形態素解析を利用して文章を品詞に分割する

```
        Result = Array()
End Sub


'****************************************************************
' メソッド名  ：Execute
' 概要        ：パラメーターに指定されたテキストファイルを形態素解析する
' パラメーター：[tgtFile]...形態素解析するテキストファイル
' 戻り値      ：なし
'****************************************************************
Public Sub Execute(ByVal tgtFile As String)
    'FileSystemObjectをインスタンス化
    Dim fso As Object
    Set fso = CreateObject("Scripting.FileSystemObject")
    
    'パラメーターに指定されたテキストファイルの存在チェック
    If (fso.FileExists(tgtFile) = False) Then
        Err.Raise 53, , tgtFile & "が見つかりません。"
        Exit Sub
    End If
    
    'パラメーターに指定されたテキストファイルを読み込み
    Dim s As String
    s = fso.OpenTextFile(tgtFile, 1, False).ReadAll
    
    'Microsoft Wordアプリケーションをインスタンス化し、新規ドキュメントを生成
    Dim doc As Object
    Set doc = CreateObject("Word.Application").Documents.Add()
    
    '読み込んだテキストファイルの内容を新規ドキュメントに転記
    Dim rng As Object
    Set rng = doc.Paragraphs(1).Range
```

```
    rng.Text = s

    '分かち書きを実行
    Dim arrWd As Variant
    arrWd = Array()
    Dim i As Integer
    i = 0
    Dim wd As Object
    For Each wd In rng.Words
        ReDim Preserve arrWd(i)
        arrWd(i) = wd.Text
        i = i + 1
    Next

    '新規ドキュメントを閉じる
    doc.Close False
    Set doc = Nothing

    '分かち書きの結果をResultプロパティにセット
    Result = arrWd
End Sub
```

前述の2つのクラスモジュール（MeCab、Yahoo! API）と同様、形態素解析を実行するExecute()メソッドと、結果が格納されるResultプロパティを保持しています。

メンバ	種類	内容
Result	プロパティ	形態素解析の実行結果を配列型で参照します
Execute	メソッド	形態素解析を実行します

第4章でも説明しましたが、Microsoft Wordの操作をMicrosoft ApplicationのCOMを利用して行います。文章の分かち書きを行っている部分は、以下のとおりです。

```
'読み込んだテキストファイルの内容を新規ドキュメントに転記
Dim rng As Object
Set rng = doc.Paragraphs(1).Range
rng.Text = s

'分かち書きを実行
Dim arrWd As Variant
arrWd = Array()
Dim i As Integer
i = 0
Dim wd As Object
For Each wd In rng.Words
    ReDim Preserve arrWd(i)
    arrWd(i) = wd.Text
    i = i + 1
Next
```

　Wordドキュメントを読み込んだ内容は、Wordsというコレクションのなかに自動的に単語が格納されます。つまり、このWordsコレクションが、Wordアプリケーションによる分かち書きの結果となります。
　では、このクラスモジュールを使い、分かち書きを行ってみましょう。今までの2つのサンプルと同様、マクロファイルが存在するパスと同一フォルダに存在する「形態素解析サンプル.txt」を読み込み、分かち書きの結果をメッセージに表示します。

◆Excel VBA（形態素解析byMSWord　利用例）

```
Option Explicit


'**********************************************************
' 関数名：形態素解析byMSWord
' 概要　：Microsoft Wordの機能を利用した形態素解析（分かち書きのみ）
' 引数　：なし
' 戻り値：なし
```

```vb
'*************************************************************
Sub 形態素解析byMSWord()

    '形態素解析クラスをインスタンス化
    Dim cls解析 As New 形態素解析byMSWord

    '形態素解析の対象となるテキストファイルのフルパス
    'このExcelマクロファイルと同一フォルダに配置する
    Dim filePath As String
    filePath = ThisWorkbook.Path & "\形態素解析サンプル.txt"

    On Error GoTo Exception

    '形態素解析を実行
    Call cls解析.Execute(filePath)

    '形態素解析の実行結果をメッセージ表示
    Dim i As Integer
    For i = 0 To UBound(cls解析.Result) - 1
        MsgBox cls解析.Result(i)
    Next i

    Exit Sub

'例外処理
Exception:
    Call MsgBox(CStr(Err.Number) & ":" & Err.Description, _
vbCritical + vbOKOnly)

End Sub
```

　前述のとおり、正しくない結果ではありますが、Wordアプリケーションによる分かち書きがExcel VBAから利用できることが確認できました。
　"すもももももももものうち"の分かち書きはうまく行きませんでしたが、もう少し人の目で見ても分かりやすい文章であれば、もう少し利用可能な結果を返してくれることでしょう。

> **この節のまとめ**
> ・文章を品詞に分ける作業を、形態素解析という
> ・クローリングしたテキストデータを形態素解析することにより、文章を再構築したり、文章を分類ごとに分けることができる
> ・形態素解析のためのツールとして、「MeCab」や「Yahoo!API」などがある
> ・「Microsoft Word」でも、文章の分かち書き（品詞の種類はわからないものの、品詞単位での分割）は可能である

6-2
マルコフ連鎖を利用して文章を要約する

前節では、クローリングによって収集したテキストデータを形態素解析によって品詞ごとに分割しました。本節ではマルコフ連鎖という手法によって、文章を組み立て直す方法を見てみましょう。マルコフ連鎖を利用することで、文章の要約をプログラムで行うことができるようになります。

マルコフ連鎖とは

　本節では、マルコフ連鎖という考え方を使い、文章を再構築する手法を見てみます。ちょっと難しい話になりますが、マルコフ連鎖（Markov Chain）とは、マルコフ過程という確率過程のうち、有限または可算可能（離散的）なものであり、未来の確率が過去の確率に左右されず、現在の状況によってのみ決定されるものを言います。簡単な例を見てみましょう。
　次の図をご覧ください。

現在の状態	次の状態	その確率
状態A	状態A	1/3
	状態B	1/3
	状態C	1/3
状態B	状態A	1/3
	状態B	1/3
	状態C	1/3
状態C	状態A	1/3
	状態B	1/3
	状態C	1/3

この図は、「A」「B」「C」という3つの状態があることを意味し、それぞれの状態への遷移は、自分自身への遷移も含めて、1/3であることを示しています。つまり、状態「A」に位置するとき、

・状態「B」に遷移する確率　　　　1/3
・状態「C」に遷移する確率　　　　1/3
・再び状態「A」に遷移する確率　　1/3

であることを表します。各状態への遷移は、過去の状態に左右されないため、

　　　「B」を5回経由したのに「A」は一度も経由していないため、今回も「B」
　　　を経由する可能性が高い

などといったことはありません。これを独立試行とも言います。
　つまり、マルコフ連鎖を利用した文章の要約とは、文章中の同じ文節を探し出し、乱数によって同じ文節のうちの1つをランダムに選択しながら文章をつなげる作業のことを言います。
　では、マルコフ連鎖を使った文章要約のサンプルプログラムを見てみましょう。
　まずは、前節で紹介した形態素解析によって文章を分かち書きし、次にその結果をもとに単語を再結合します。

サンプルプログラムとその解説

◆Excel VBA（形態素解析byMeCabWrapper）

```
Option Explicit

'-------------------------------------------
' 構造体定義
'-------------------------------------------
Public Type MeCab構造体
    単語            As String
```

```vb
    品詞1          As String
    品詞2          As String
    品詞3          As String
    品詞4          As String
    品詞5          As String
    品詞6          As String
    かな           As String
    カナ1          As String
    カナ2          As String
End Type

Private Type マルコフ連鎖構造体
    単語(2)        As String                   '単語を3つの配列に格納する
    使用済         As Boolean                  '使用済みデータならTrue
    RowIndex       As Integer                  'コピー元配列のインデックス
End Type

'**************************************************************
' 関数名：形態素解析
' 概要  ：MeCabを利用した形態素解析
' 引数  ：[文章]...形態素解析の対象となる文章
' 戻り値：形態素解析の結果
'**************************************************************
Public Function 形態素解析(ByVal 文章 As String) As MeCab構造体()
    '戻り値を初期化
    Dim res() As MeCab構造体
    形態素解析 = res
    
    '引数に指定された文章をテキストに出力
    Dim filePath As String
    filePath = CreateTargetFile(文章)
```

6-2 マルコフ連鎖を利用して文章を要約する

```vb
'MeCabクラスをインスタンス化
Dim cls解析 As New 形態素解析byMeCab

'形態素解析を実行
Call cls解析.Execute(filePath)

'形態素解析の実行結果を構造体に格納
Dim i As Integer
For i = 0 To UBound(cls解析.Result) - 1
    '配列を再定義
    ReDim Preserve res(i)
    
    'MeCabの実行結果を1行ずつ取得
    Dim sLine As String
    sLine = cls解析.Result(i)
    
    '"EOS"行ではない場合
    If (sLine <> "EOS") Then
        'カンマ区切りで列を分ける
        Dim f As Variant
        f = Split(sLine, ",")
        
        '一列目のみ、さらにTABで列を分ける
        Dim f1 As Variant
        f1 = Split(f(0), vbTab)
        
        '戻り値となる構造体にセット
        res(i).単語 = f1(0)
        res(i).品詞1 = f1(1)
        res(i).品詞2 = Replace(f(1), "*", "")
        res(i).品詞3 = Replace(f(2), "*", "")
        res(i).品詞4 = Replace(f(3), "*", "")
```

```
            res(i).品詞5 = Replace(f(4), "*", "")
            res(i).品詞6 = Replace(f(5), "*", "")
            If (6 < UBound(f)) Then
                'かな・カナが存在する場合
                res(i).かな = f(6)
                res(i).カナ1 = f(7)
                res(i).カナ2 = f(8)
            Else
                'かな・カナが存在しない場合(アルファベットなど)
                res(i).かな = ""
                res(i).カナ1 = ""
                res(i).カナ2 = ""
            End If


        '"EOS"行の場合
        Else
            '戻り値となる構造体にセット
            res(i).単語 = "EOS"
            res(i).品詞1 = ""
            res(i).品詞2 = ""
            res(i).品詞3 = ""
            res(i).品詞4 = ""
            res(i).品詞5 = ""
            res(i).品詞6 = ""
        End If
    Next i

    '戻り値をセット
    形態素解析 = res
End Function

'*************************************************************
```

```vb
' 関数名：CreateTargetFile
' 概要  ：引数の文章をテキストファイルに出力
' 引数  ：[文章]...形態素解析の対象となる文章
' 戻り値：テキストファイルのフルパス
'**************************************************************
Private Function CreateTargetFile(ByVal 文章 As String) As String
    '戻り値を初期化
    CreateTargetFile = ""
    
    '作成するテキストファイルのパスをTEMPフォルダに指定
    Dim txtPath As String
    txtPath = Environ("TEMP") & "\形態素解析対象.txt"
    
    'FileSystemObjectのインスタンスを生成
    Dim fso As Object
    Set fso = CreateObject("Scripting.FileSystemObject")
    
    'すでに存在するテキストファイルを削除
    If (fso.FileExists(txtPath)) Then
        Call fso.DeleteFile(txtPath)
    End If
    
    'テキストファイルを作成
    Dim txtFile As Object
    Set txtFile = fso.CreateTextFile(txtPath)
    
    'バッチファイルに書き込み
    txtFile.WriteLine 文章
    txtFile.Close
    
    '戻り値をセット
```

```vb
        CreateTargetFile = txtPath
End Function


'****************************************************************
' 関数名：マルコフ連鎖文章要約
' 概要  ：引数の文章をマルコフ連鎖で要約
' 引数  ：[文章]...形態素解析の対象となる文章
' 戻り値：マルコフ連鎖で要約した文章
'****************************************************************
Public Function マルコフ連鎖文章要約(ByVal 文章 As String) As String
    '戻り値を初期化
    マルコフ連鎖文章要約 = ""
    
    '形態素解析を実行
    Dim res() As MeCab構造体
    res = 形態素解析(文章)
    
    '3つつなげた単語を格納するマルコフ構造体を作成
    Dim mar() As マルコフ連鎖構造体
    
    'マルコフ構造体に単語を格納
    Dim i As Integer
    For i = 0 To UBound(res) - 2
        ReDim Preserve mar(i)
        
        mar(i).単語(0) = res(i + 0).単語
        mar(i).単語(1) = res(i + 1).単語
        mar(i).単語(2) = res(i + 2).単語
        mar(i).使用済 = False
        mar(i).RowIndex = -1
    Next i
```

6-2 マルコフ連鎖を利用して文章を要約する **343**

```
'乱数を初期化
Randomize

'戻り値となる要約
Dim 要約 As String
要約 = ""

'文の組み立て変数
Dim 文 As String
文 = ""

'要約の書き出しを決める
Do
    'インデックスの乱数を発生
    Dim r As Integer
    r = Int((UBound(mar) - 1 + 1) * Rnd)

    '配列の先頭なら文章の先頭になれる
    If (r = 0) Then
        Exit Do
    End If

    '行の書き出しなら文章の先頭になれる
    If (mar(r - 1).単語(0) = "EOS") Then
        Exit Do
    End If
Loop

'1文字目を取得
Dim s1 As String
s1 = mar(r).単語(0)
```

```
'2文字目を取得
Dim s2 As String
s2 = mar(r).単語(1)

'単語をランダムにつなげる
Do
    '前の単語につなげる単語の候補を格納する構造体を定義
    Dim tmp() As マルコフ連鎖構造体

    '候補の数をカウント
    Dim cnt As Integer
    cnt = 0

    '候補を検索
    Dim j As Integer
    For j = 0 To UBound(mar)
        '1文字目と2文字目が合致しており、さらに使用していない単語を検索
        If (mar(j).単語(0) = s1) And (mar(j).単語(1) = s2) And (mar(j).使用済 = False) Then
            ReDim Preserve tmp(cnt)
            tmp(cnt) = mar(j)
            tmp(cnt).RowIndex = j

            cnt = cnt + 1
        End If
    Next j

    '候補が取得できなければ処理を抜ける
    If (cnt = 0) Then
        Exit Do
    End If
```

```
        '乱数を発生させる
        Dim r2
        r2 = Int((UBound(tmp) - 1 + 1) * Rnd)

        '"EOS"でなければ
        If (tmp(r2).単語(2) <> "EOS") Then
            '単語を「文」に追加
            文 = 文 + tmp(r2).単語(2)

        '"EOS"であれば
        Else
            '「文」を「要約」に追加
            要約 = 要約 + 文
            '「文」を初期化
            文 = ""
        End If

        '使用済みマークを付ける
        mar(tmp(r2).RowIndex).使用済 = True

        '1つずらす
        s1 = tmp(r2).単語(1)
        s2 = tmp(r2).単語(2)
    Loop

    '要約した文章を返す
    マルコフ連鎖文章要約 = 要約
End Function
```

　形態素解析には、MeCabを利用しています。そのため、このサンプルプログラムを実行する場合は、MeCabがインストールされている必要があります。もしMeCab

をインストールしていない環境でマルコフ連鎖を試してみたい場合、MeCabの代わりにYahoo! APIなどの別のツールで形態素解析を行うようにプログラムを修正する必要があります。

　上記の標準モジュールは、形態素解析()関数とマルコフ連鎖文章要約()関数の2つをPublic関数として定義しています。

　形態素解析()関数は、引数に指定された文章を形態素解析します。前節の「形態素解析byMeCab」クラスは、パラメーターとして形態素解析の対象となる文章が保存されたテキストファイルを引き渡す必要がありましたが、この形態素解析()関数は、文章を引数として引き渡します。形態素解析を行う必要があるたびに該当文章をテキストファイルに保存するのが煩わしいためです。しかし、関数内ではMeCabを実行するまえに端末にテンポラリにテキストファイルを作成しています。

　マルコフ連鎖文章要約()関数は、本節の冒頭にて説明したアルゴリズムを使用して、分かち書きされた単語から文章を再作成しています。

　ちなみにこの「形態素解析byMeCabWrapper」モジュールは、前節で作成した「形態素解析byMeCab」クラスを拡張するために作成したものです。"Wrapper"とは、「包むもの」を意味します。つまり、「形態素解析byMeCab」クラスを包み、より使いやすい形で機能を提供するために作成した標準モジュールです。この"Wrapper"という考え方は、プログラミングの重要なテクニックです。

　ではこのプログラムを使って文章要約を試してみましょう。要約する文章として、非常に面白い題材がありますので、紹介させていただきます。

　オープンソースソフトウェアに関するエリック・レイモンド（Eric S Raymond）による論文、「The Cathedral and the Bazaar」の訳者として有名な山形浩生氏のブログ「経済のトリセツ」にて、『AI ハリー・ポッターの衝撃』という記事があります。ここに紹介されているハリー・ポッターの新作は、本節で紹介したような文章の再構築によって生成されたものだと思うのですが、登場人物がみな狂っていて、非常に面白いのです。ぜひとも読んでみてください。

　　　山形浩生の「経済のトリセツ」　－　AI ハリー・ポッターの衝撃
　　　https://cruel.hatenablog.com/entry/2018/01/09/180230

　では、このブログに紹介されているAIが作ったハリー・ポッターの新作を、さらに本節で紹介したプログラムに喰わせてみましょう。

私がやってみた結果、次のような結果となりました（読みやすいように、適宜改行を入れました）。

実行結果

　大広間はとんでもないうめくシャンデリアと、流しをれんが積みについての本で飾った巨大司書でいっぱいでしたが、けっきょくのところ全身蜘蛛まみれにならないのは嫌いでした。

　ハッフルパフのブタは巨大な食用ガエルのような驟雨が打ちつけます。ハグリッドの小屋から漂う唯一の音は、友人がまた身を乗り出してかれの頬に接吻を行いました。三人の完全な友人たちは登りませんでした。長いカボチャがいくつかマクゴナガルからこぼれ落ちました。「いまやおまえがハグリッドだ」と貧相なローブを着た幽霊の階段氏が言いました。「鍵がかかっているのだ」ともう一人が言いました。「閉まっているみたい」と書いたシャツを着ていましたが、魔女たちはみんな、礼儀正しく拍手をしていたので、ハーマイオニーは踊り方を忘れた」とハリーは、かれ自身の家具による侮蔑に満ちた軋り音だけでした。パスワードは「牛肉女」とかれは気がつきました。

　ハリーは鳥のことを考えるのはむずかしそうでした。ロンは顔を泥に押し込んでやりました。かれらはドアノブを見て、ハリーの幽霊が城には思っていました。とにかくそうなのです。自分でもそれを脚りかけました。ネズミの山のようにうなずきました。ダーズリー一家は城のてっぺんにいる！」ロンはにっこりしました。かれはハリーを見ると、即座にハーマイオニーの家族を食べ始めました。「おお！よくやった」とデスイーターの一人が答えました。他のデスイーターは堂々と身を引くと言いました。

　ハーマイオニーは静かに悪そうなデスイーターたちが城の屋根へのドアの外にある踊り場にザップしました。「デスイーターたちの輪の背後に立ちました。かれはかなりの過剰反応を感じたのです、ハリーはあたりを見回して、何かだったのです。

　ハリーの魔法を始末する計画をおさらいしたのでした。ハーマイオニーもそれを小さな球体と交換するようなタップダンスをしましたが、ハリーはいまや何も見ること

ができませんでした。デスイーターたちの頭から両目玉を引きむしると、皮のようにチカチカしました。「ありがとうございます」とロンがそこに立って、それから焦げ付くような苦痛とともにハーマイオニーを見ました。

　ロンのロンシャツはロン自身に負けないほどひどいものでした。魔法：それはハリー・ポッターがとてもよいと思った何か狂乱するよう頼んでいました。ヴォルデモートはハリーに向かって眉を挙げてみせました。「ヴォルデモート、おまえはとっても悪くて意地悪な魔法使いだな」と理性的なハーマイオニーは告白しました。「もうそんなにハンサムじゃなくなったな」とハリーはつぶやきつつ、不承不承ながら自分の魔法の杖を投げ、みんなが拍手しました。ダンブルドアが学校に到着するにつれ、ダンブルドアの髪がハーマイオニーの隣を駆けていません。ロンは蜘蛛になるところでした。最初のデスイーターたちは城に向かう地面を歩くと、それがどれほど閉まっているかについて叫びあい、それを森に投げ込みました。

　城の地面は魔法で拡大された風の波でせせら笑いました。「わたしを好きになってくれてもいいと思うよ」と二人目は、ハーマイオニーは言いました。ダンブルドアはそいつの顔をしかめました。「だからぁ、明らかに城に行ったことがないし、『ハリー・ポッターと巨大な魔法の杖に手を伸ばしました。ロンは身震いしながら貧相にうめきました。「あなたたちふたりが楽しくちゃかぽこできないなら、あたしは攻撃的になりますからね」とハーマイオニーが叫びました。ロンが提案しました。ハリーはいまだかつてないほどお腹がすいています。ロンはゆっくりと自分の頭から飛び出したのです。「ロン魔術はどう？」とハリーは荒々しく言いました。

　外の空は黒い天井で、血で満ちていました。そしてそれからみんな数分かけて、それから夏の残りの間ずっと螺旋階段を落ち続けたのです。ロンは声高でグズで臆病な鳥でした。

　三人はほとんどそれを得意には山ほどデスイーターたちがいるのよ。やつらの会合を盗み聞きしましょう」

　ハリー、ロンはドアを見つめ、それを促すように思えました。二人は呪文を一つ二つかけ、緑の閃光がデスイーターたちはいまや死んでしまい、ハリーはヴォルデモートが真後ろに立っているのがわかりました。背の高いデスイーターは「ハーマイオ

第6章

6-2　マルコフ連鎖を利用して文章を要約する　**349**

ニーはそいつに微笑み駆けると、その頭に手を伸ばしました。

　城の床は巨大な灰の山が爆発しました。ハリーから見れば、ロン、ハーマイオニーを辛いソースにひたしながら思いました。「ロンこそがハンサムなやつだ」

　ロンはヴォルデモートに魔法の杖に手を乗せました。「重要なのはぼくたちだけなんだ。あいつがぼくたちを始末することは決してない」ハリー、ハーマイオニー、ロンは声を合わせて言ったのでした。

　ハリーは自分の魔法の山らしきものの肖像』でこれからそこに行く予定もありません。ハリーは怒鳴りはじめました。「ぼくはハリー・ポッターだ。闇の魔術は心配したほうがいいぞ、やれやれ！」

....

　実行結果は、やるたびにランダムに変わります。狂気っぷりは相変わらずですが、また一味違ったハリー・ポッターの新作となりました。
　常識人では考えつかないような、アイディアが満載です。

　　　　"「閉まっているみたい」と書いたシャツを着ていました"
　　　　→デザインTシャツとして、売れるかもしれません。

　　　　"パスワードは「牛肉女」とかれは気がつきました"
　　　　→誰も考えつかないパスワードです。

　しかし、文章要約としてはまだまだな結果ではあります…

この節のまとめ
- 文章を形態素解析によって分かち書きした単語をマルコフ連鎖によって再構築することで、新たな文章を作成することができる
- マルコフ連鎖は単語をランダムに結合するので、マルコフ連鎖だけで文章の要約機能とするのは難しい
- マルコフ連鎖によって小説を再構築すると、前の小説の雰囲気とはまったく違った新たな小説が作成される

6-3 ベイズ推定を利用して文章を分類する

本章最後のテクニックは、ベイズ推定という統計学を使い、文章を分類する方法を見てみます。ベイズ推定は、スパムメールの判別にも使われています。スパムメールの判別だけでなく、人工知能が文章を理解するための手法としても用いられています。クローリングで収集したテキストデータをテーマごとに分類し、まとめサイトを構築するといった活用方法が考えられます。

ベイズ推定とは

　本節の内容は、数学的な要素が強いです。文章の分類を汎用的なモジュールとして組み上げるのが難しく、本書でも汎用性はないものの、非常に簡単な例をもってサンプルプログラムを作成するに留めました。

　まず、ベイズ推定について、簡単に説明します。ベイズ推定は、ベイズ統計という統計学の分野に基づき、ある特定の事象が起きる確率を推測することを言います。

　高校時代、理系の生徒が学習した統計学は、ネイマン・ピアソン統計学と言い、ベイズ統計学とは考え方が異なります。ネイマン・ピアソン統計学は、大量のデータをもとに、データの傾向や特異性などを導き出す学問です。これに対し、ベイズ統計学は、少量のデータ量であっても、そのデータを繰り返し解析することによって、ある事象が起こる確率をその都度精度を上げながら導き出そうとする学問です。

　ベイズ統計学を用いた推論（ベイズ推定）は、少量のデータであっても学習しながら確率の精度を上げていくことができるため、前述のとおり、人口知能による学習機能にも使われています。

　ベイズ推定を用いた有名な例がスパムメール判定ですが、本書でも、非常に簡単な例をもって、ベイズ推定を利用したスパムメールの判別サンプルを作成してみましょう。

サンプルプログラムとその解説

◆Excel VBA

```
Option Explicit

'----------------------------------------
' 構造体定義
'----------------------------------------
'---------
'| a | b |
'---------
'| c | d |
'---------
'a...真陽性
'b...偽陽性 (1 - 真陽性)
'c...偽陰性 (1 - 真陰性)
'd...真陰性
Private Type Bayes分類条件
    含有文字列   As String
    真陽性 As Double
    真陰性 As Double
    '偽陽性 = (1 - 真陽性)
    '偽陰性 = (1 - 真陰性)
End Type


'*********************************************************
' 関数名：ベイズ推定サンプル
' 概要  ：もっともシンプルなベイズ推定のサンプル
' 引数  ：なし
' 戻り値：なし
'*********************************************************
```

```vb
Sub ベイズ推定サンプル()

    On Error GoTo Exception

    'ベイズ推定の条件をセット
    Dim 条件() As Bayes分類条件
    Call SetBayes分類条件(条件())

    'ベイズ推定の対象となる文章を取得
    Dim 文章 As String
    文章 = Get文章Sample()

    'ベイズ推定を実行
    Dim bSpam As Boolean
    bSpam = Bayes分類(文章, 条件())

    '結果を表示
    If (bSpam) Then
        MsgBox "迷惑メールです"
    Else
        MsgBox "迷惑メールではありません"
    End If

    Exit Sub

'例外処理
Exception:
    Call MsgBox(CStr(Err.Number) & ":" & Err.Description, vbCritical + vbOKOnly)

End Sub
```

```vb
'**************************************************************
' 関数名：Get文章Sample
' 概要   ：ベイズ推定サンプルの文章を取得
' 引数   ：なし
' 戻り値：ベイズ推定サンプルの文章の内容
'**************************************************************
Private Function Get文章Sample() As String

    'ベイズ推定の対象となるテキストファイルのフルパス
    'このExcelマクロファイルと同一フォルダにある「サンプルデータ」フォルダに配置する
    Dim filePath As String
    filePath = ThisWorkbook.Path & "\サンプルデータ\メール1.html"    'リンクあり出会いあり
'    filePath = ThisWorkbook.Path & "\サンプルデータ\メール2.html"    'リンクなし出会いあり
'    filePath = ThisWorkbook.Path & "\サンプルデータ\メール3.html"    'リンクあり出会いなし
'    filePath = ThisWorkbook.Path & "\サンプルデータ\メール4.html"    'リンクなし出会いなし

    'FileSystemObjctのインスタンスを生成
    Dim fso As Object
    Set fso = CreateObject("Scripting.FileSystemObject")

    'ベイズ推定の対象となるテキストファイルを開く
    Dim txtFile As Object
    Set txtFile = fso.OpenTextFile(filePath, 1, False)

    'ベイズ推定の対象となるテキストファイルの内容をすべて読み込み
    Get文章Sample = txtFile.ReadAll
```

```
End Function

'***************************************************************
' 関数名：SetBayes分類条件
' 概要　：ベイズ推定の条件をセット
' 引数　：[条件]...ベイズ推定の条件
' 戻り値：なし
'***************************************************************
Private Sub SetBayes分類条件(ByRef 条件() As Bayes分類条件)

    '含有文字列    真陽性   真陰性
    '----------   ------  ------
    '<a href      0.60    0.80
    '出会い       0.40    0.95

    ReDim Preserve 条件(0)
    条件(0).含有文字列 = "<a href"
    条件(0).真陽性 = 0.6
    条件(0).真陰性 = 0.8

    ReDim Preserve 条件(1)
    条件(1).含有文字列 = "出会い"
    条件(1).真陽性 = 0.4
    条件(1).真陰性 = 0.95

End Sub

'***************************************************************
' 関数名：Bayes分類
' 概要　：ベイズ推定による二項・多項分類
' 引数　：[文章]...ベイズ推定の対象となる文章
'         [条件]...ベイズ推定の条件
```

```vb
'  戻り値：条件に合致するならTrue、しないならFalse
'************************************************************
Private Function Bayes分類(ByVal 文章 As String, ByRef 条件() _
As Bayes分類条件) As Boolean

    '---------
    '| a | b |
    '---------
    '| c | d |
    '---------
    'a...真陽性
    'b...偽陽性（1 - 真陽性）
    'c...偽陰性（1 - 真陰性）
    'd...真陰性

    '事前確率
    Dim d迷惑率_事前 As Double
    d迷惑率_事前 = 0.5

    'ベイズ推定確率
    Dim d迷惑率 As Double
    Dim d通常率 As Double

    Dim i As Integer
    For i = 0 To UBound(条件)
        '文字列は存在するか？
        If (0 < InStr(1, 文章, 条件(i).含有文字列)) Then
            '迷惑率と通常率を求める
            '事後確率 = 真陽性 / (真陽性 + 偽陽性)
            d迷惑率 = d迷惑率_事前 * 条件(i).真陽性
'a...真陽性
            d通常率 = (1 - d迷惑率_事前) * (1 - 条件(i).真陰性)
```

```
'b...偽陽性
        Else
            '迷惑率と通常率を求める
            '事後確率 = 偽陰性 / (偽陰性 + 真陰性)
            d迷惑率 = d迷惑率_事前 * (1 - 条件(i).真陽性)
'c...偽陰性
            d通常率 = (1 - d迷惑率_事前) * 条件(i).真陰性
'd...真陰性
        End If
        
        '事後確率を算出し、事前確率に再セット
        d迷惑率_事前 = d迷惑率 / (d迷惑率 + d通常率)
    Next i

MsgBox d迷惑率_事前

    'ベイズ推定の結果を返す
    'とりあえず、迷惑メール確率が90%以上のものを迷惑メールとみなす
    If (0.9 < d迷惑率_事前) Then
        Bayes分類 = True
    Else
        Bayes分類 = False
    End If
    
End Function
```

　この例では、スパムメールかどうかを判別するための事前学習の部分を、非常に簡単に済ませてあります。事前学習とは、あらかじめ用意したデータをコンピューターに学習させておくことです。たとえばスパムメールかどうかの判別として、スパムメールにはどのような文字列が含まれているのかを事前にコンピューターに記憶させておく必要があります。該当箇所は、SetBayes分類条件()関数です。サンプルプログラムでは、

```
'含有文字列      真陽性   真陰性
'----------   ------  ------
'<a href       0.60    0.80
'出会い         0.40    0.95
```

だけを事前学習としてプログラムに覚えさせています。

コメントには聞きなれない単語がいくつか書いてありますが、

・真陽性陽性であると判別され、実際の結果が真（True）である確率
・疑陽性陽性であると判別され、実際の結果が偽（False）である確率
・真陰性陰性であると判別され、実際の結果が真（True）である確率
・偽陰性陰性であると判別され、実際の結果が偽（False）である確率

という意味です。このサンプルプログラムの場合、陽性はスパムメールと判別されることを意味し、陰性はスパムメールではないと判別されることを意味します。

スパムメールの確率がnだとすると、スパムメールではない確率は1-nですので、真陽性である確率がわかれば疑陽性である確率はわかりますし、真陰性である確率がわかれば偽陰性の確率がわかります。

スパムメールかどうかの判別に使われた文字列が含まれていたかどうかにより、陽性だったか陰性だったかを判断し、その結果導き出された確率をもとに、次のスパムメールの文字列を判別し、それを何度も繰り返すことにより、確率の精度を上げるのです。

そういう意味では、このサンプルプログラムでは、その判別の材料となるデータがたったの2件しかなく、無論、これだけの知識だけでスパムメールの判別をさせては、非常に精度の低い結果になるでしょう。

精度の高い結果を得るためには、もっとプログラムに学習させておく必要があります。その学習データの作成には、本物のスパムメールを形態素解析して品詞の出現頻度と合わせてデータベース化しておくのがよいでしょう。SetBayes分類条件()関数は、そのデータベースから読み込んだデータを構造体に格納するようにします。

> **この節のまとめ**
> ・ベイズ推定を用いることにより、文章を分類することが可能
> ・ベイズ推定は、スパムメールの判別に利用されていることでも有名で、人工知能の文章理解にも利用されている
> ・本書のサンプルプログラムを流用する場合、事前学習のロジックを強化する必要がある

C O L U M N

ベイズ推定と人工知能

　以前に、とあるニュース番組で、「いくつかの大企業では採用試験の書類選考に人工知能を利用している」と報道しているのを観ました。

　その番組では、「採用試験に人工知能が用いられることについて、賛成か反対か」の多数決を取っていましたが、複数のニュースキャスターのなかでは1人を除いて「賛成」で、視聴者の多数決の結果は「反対」となりました。

　さて、私の個人的な意見は「反対」です。
その理由は、「その人工知能がどのようなアルゴリズムによって動作しているのかが不明だから」です。人工知能といえどもしょせんは人が作ったプログラム、そのアルゴリズムどおりにしか動かないのです。おそらく、その人口知能はスパムメール判別で利用されるベイズ推定によって文章を解析しているのではないでしょうか。

　その人工知能は、今までの合格者の履歴書を解析してその特徴をつかみ、その特徴から履歴書を選別するとのことだったのですが、要は今までの合格者の履歴書のなかから出現頻度の高い単語を収集し、合否判定の際にそれらの単語が多く使われているかを基準にしているだけなのかもしれません。

　となると、たとえば今までの合格者の傾向として、「努力」「部活」「アルバ

イト」といった単語の出現頻度が高かった場合、その単語を使って文章を構築すればよいのです。極論すれば、文章かどうかなど関係ないかも知れません。自己紹介欄に、ただ延々と「努力、部活、アルバイト、努力、部活、アルバイト、努力、部活、アルバイト、...」などと書かれている自己紹介欄に対し、合格を出してしまうような単純なアルゴリズムかも知れないのです。

　それでもまだ、人工知能に自分の将来を左右する重大な採用判定を任せられますか？

6章のおさらい

　本章では、クローリングによって収集したテキストデータの活用方法を紹介させていただきました。

　プログラムに文章を解釈させることの面白さを、本章を読むことによって理解していただけたのではないかと思います。特にマルコフ連鎖による文章の再構築はおすすめです。「吾輩は猫である」「羅生門」などの偉人の名著を複数読み込ませ、新たな小説をコンピューターに作らせてみると、人間にはとても思いつかないような作品が誕生するかもしれません。

　また、ベイズ推定による文章の分類についても、クローリングによって収集したテキストデータの整理の際に便利です。まとめサイトの構築にも役立つことでしょう。

　本章では、クローリングによって収集したテキストデータの活用方法を紹介させていただきました。

第 7 章

robots.txtを考慮したクローリングサンプル

最終章となる本章は、1章をまるまる利用して、クローラーを開発します。そのクローラーは、robots.txtを解読し、お行儀のよいクローリングを行います。

本書のスタンスどおり、Excel VBAとInternet Explorerのみでクローリングを実装しています。ほかのツールやインターネットサービスはいっさい利用しません。 そのため、Excelがインストールされている Windows環境ならば、誰もがどこでも汎用的に利用できます。サンプルプログラムにおいても、今後さまざまに手を加えることを想定し、汎用性のある作りにしてあります。

本章のサンプルクローラーをもとに開発された新たなクローラーが、世界中のインターネット回線を駆け巡る様を期待しています。

7-1

Webサイトを根こそぎ取得する

本節では、Excel VBAでクローリングするプログラムを開発するにあたり、特に注意が必要な技術上の問題点とその解決方法、そして本章で紹介するサンプルプログラムについて、その概要とモジュール構成を説明します。

サンプルプログラムについて

　このサンプルプログラムは、本書の発売元であるソシム社のWebサイトをクローリングし、存在するURLをVBEのイミディエイトウィンドウに出力します。

　クローリングの際、robots.txtに記述されている内容を考慮し、許可されていないURLへのアクセスは行いません。

　このサンプルプログラムの実行にあたり、いったんすべてのInternet Explorerのプロセスを終了する必要があります。また、このサンプルプログラムを実行中にInternet Explorerを使用してのブラウジングは行わないでください。

　サンプルプログラムの実行には、かなりの時間がかかります。プログラムの内部では、いったん指定されたURLのWebページをInternet Explorerに表示させているわけですから、最終的に読み込むWebページの数が何百もあれば、その分相当な時間がかかることが予想されます。むろん、VBEでプログラムを中断させてもまったく問題ありませんが、その場合、画面上には表示されていないInternet Explorerのプロセスが残ったままとなってしまう可能性があります。その場合は「タスク マネージャー」から該当プロセスを強制終了させてください。もしくは、サンプルプログラムに組み込まれているInternet Explorerのプロセス強制終了関数を実行してください。

　さて、実際のサンプルプログラムのモジュールは、

・Common
・Main

の2つがあります。

　「Common」モジュールには、このサンプルプログラムに限らず、各種プロジェクトにおいてそのままの形で使用可能な関数群を定義しています。たとえば、Internet Explorerのプロセスを強制的に終了する関数は、さまざまな場面において使用可能と思われますので、汎用性を持たせた作りにして、Commonモジュールに定義しています。これを、本書では「共通モジュール」と呼んでいます。

　「Main」モジュールには、このサンプルプログラムのプロジェクトにのみ特化した関数群を定義しています。ほかのプログラムで同じような機能を利用するためにこのモジュールをコピーする場合は、モジュール内に手を加える必要があります。たとえば、実際にソシム社のWebサイトをクローリングする関数は、関数内にソシム社のURLが固定でソース内に埋め込まれているため、ほかのWebサイトからクローリングを始めたい場合は、関数内のURLの定義を書き換える必要があります。また、クローリング時の処理についても、このサンプルプログラムではイミディエイトウィンドウにクローリングしたURLを表示するだけですが、いずれは、クローリングしたWebサイトのHTMLをまるごとデータベースに保存したり、画像ファイルだけを収集して指定のフォルダに保存するなどといったオリジナルな処理を実装することになるでしょう。そういった場合、それらの処理の実装のためにMainモジュール内の関数群を改修する必要があります。これを、本書では「専用モジュール」と呼んでいます。

> **この節のまとめ**
> ・サンプルプログラムには汎用的なCommonモジュールと、本書のプロジェクトに特化したMainモジュールの2つがある
> ・本書では、汎用的なモジュールを共通モジュールと呼ぶ
> ・本書では、プロジェクトに特化したモジュールを専用モジュールと呼ぶ

Internet Explorerの不安定さを克服する

　今回、Excel VBAでクローリングを実装するにあたり、Internet ExplorerのCOMの利用に際して、その挙動がまったく安定しないという状況に何度も陥りました。数年前、同様にInternet ExplorerのCOMを利用したクローリングを行っていた頃には起こることのなかった状況です。

　たとえば、Internet ExplorerのNavigate()メソッドで指定のURLを表示しようとしたタイミングで「オートメーションエラー」が発生したり、取得した<a>タグのhrefプロパティからリンク先を取得しようとしたタイミングで「書き込みできません」などのエラーが発生してしまいます。しかも、エラーが発生するときと発生しないときがあるのです。

　プログラミングにおいて、「ある状況下では確実にエラーが発生する」といった規則性を見つけることができればその対処もしやすいのですが、今回のケースはその規則性を見つけることができませんでした。「Internet Explorerの挙動が不安定」としか言いようがないのです。

　インターネットで情報収集してみたところ、案の定、どうやら最新かつ最終バージョンであるIntenet Explorer 11で私が直面しているこの不安定な挙動に悩まされている方が複数いらっしゃることがわかりました。その対処もいくつか載っていたのですが、それでもうまくいく場合とうまくいかない場合もあるとか。不幸にも、私の環境ではどれもうまくいきませんでした。

　途方に暮れておりましたが、「原因不明のエラーが発生した場合は、そのつどInternet Explorerを再起動する」方法を思いつきました。

　「On Error Resume Next」でエラーが発生した場合も処理を続行するようにし、随所でErr.Numberが0以外になっていないかを確認します。Err.Numberが0以外になっていた場合、いったんすべてのInternet Explorerのプロセスを破棄し、再度Internet Explorerを起動しなおします。

　これでようやく、原因不明のエラーが発生した場合もクローリングを続行させることができました。後ほどサンプルプログラムの解説を行いますが、このあたりについても詳述したいと思います。

7-2
共通モジュールの作成

本章で利用するサンプルプログラムは、結構長めです。そのため、各節でモジュールごとに説明します。本節は、他のプロジェクトでも使用できるよう意識して作成した共通モジュールについて説明します。

共通モジュールのメンバ紹介

まずは本節にて、本章で紹介するクローラーサンプルプログラムの共通モジュール部分に関する説明を行います。

クローラーマクロのプロジェクトをご覧いただき、標準モジュールが「Main」と「Common」の2つが存在することを確認してください。本節で紹介するのは、「Common」モジュールです。この「Common」モジュールが、共通モジュールに該当します。

前章でも説明しましたが、本書では、"共通モジュール"という用語を、「他のプロジェクトでも汎用的に使用できるモジュール」としています。プロジェクトに関わらず、共通して使用できるという意味を持たせるためです。

では、さっそく共通モジュールから見てみましょう。共通モジュールのソースコードは、次のとおりです。

◆Excel VBA

```
Option Explicit

'-----------------------------------------
' Win32 API定義
```

```vb
'----------------------------------------
Public Declare Sub Sleep Lib "kernel32" (ByVal dwMilliseconds As Long)


'***********************************************************
' 関数名：IsExistsURL
' 概要　：指定されたURLが存在するかどうかをチェックします
' 引数　：[url]...存在チェックを行うURL
' 戻り値：URLが存在する場合はTrue、存在しない場合はFalse
'***********************************************************
Public Function IsExistsURL(ByVal url As String) As Boolean

    'エラーが発生した場合も処理を続行します
    On Error Resume Next
    
    '引数に指定されたURLをExcelで開きます
    Dim wb As New Workbook
    Set wb = Workbooks.Open(Filename:=url)
    
    'エラー番号に着目します
    Select Case Err.Number
    Case 0:        'エラーが発生しなかった場合
        IsExistsURL = True
        
    Case 1004:    'URLが存在しない場合
        IsExistsURL = False
        Err.Clear
        
    Case Else:    'その他の要因によるエラーが発生した場合
        Call MsgBox(CStr(Err.Number) & ": " & Err.Description, vbCritical + vbOKOnly)
        IsExistsURL = False
```

```
            Err.Clear
    
        End Select
        
        wb.Close
        
        'エラー処理を通常に戻します
        On Error GoTo 0
    
End Function

'****************************************************************
' 関数名：GetText
' 概要　：指定されたURLのWebページを解析し、そのテキストの内容を返します
' 引数　：[URL]...URL
'         [ie]...Internet Explorerのインスタンス
' 戻り値：Webページの内容（文字列型）
'****************************************************************
Public Function GetText( _
    ByVal url As String, _
    Optional ByVal ie As InternetExplorer = Nothing) As String

    '戻り値を初期化します
    GetText = ""
    
    '指定されたサイトを開きます
    ie.navigate url
    
    'Internet ExplorerがURLを開けずにループし続ける場合を考慮、制限時間を設けます
    'その前に、読み込み開始時間を記憶します
```

```
    Dim st As Date
    st = Now()

    '完全に開ききるまで待機します
    Do
        '開き終えたらループを抜けます
        If (ie.Busy = False) Then
            Exit Do
        End If

        '10秒経過してもInternet Explorerから処理が返ってこない場合は該
当URLの読み込みを中断します
        If (DateAdd("s", 10, st) < Now()) Then
            Debug.Print "10秒以上経過したため、処理を中断します
(GetText) "
            ie.stop
            Exit Function
        End If

        '1秒間待機します
        Sleep 1000

        '念のためタスクを開放します
        DoEvents
    Loop

    'Internet Explorerで開いているWebページからテキストを取得します
    GetText = ie.document.body.innerText

End Function

'****************************************************************
```

```vb
' 関数名：GetIE
' 概要  :指定されたURLを開いているInternet Explorerのオブジェクトを返します。
'        見つからない場合、新たなInternet Explorerのオブジェクトを生成し、当
' 該URLを開きます。
' 引数  ：[url]...URL
' 戻り値：Internet Explorerのインスタンス
'*************************************************************
Public Function GetIE(ByVal url As String) As InternetExplorer

    '戻り値を初期化します
    Set GetIE = Nothing
    
    'Shell.ApplicationのCOMをインスタンス化します
    Dim sh As Object
    Set sh = CreateObject("Shell.Application")
    
    'InternetExplorerのCOMをインスタンス化します
    Dim ie As New InternetExplorer
    Set ie = Nothing
    
    '起動中のWindowを1つずつ調べます
    Dim w As Object
    For Each w In sh.Windows
        'InternetExplorerであれば
        If (TypeOf w Is InternetExplorer) Then
            'かつ、指定のWebページを起動中であれば
            If (0 < InStr(w.LocationURL, url)) Then
                'そのインスタンスを変数「ie」にセットし、ループを抜けます
                Set ie = w
                Exit For
            End If
        End If
```

```vb
        Next
        
        '変数「ie」がNothingでなければ
        If Not (ie Is Nothing) Then
            Set GetIE = ie
        End If

End Function

'***********************************************************
' 関数名：TerminateIE
' 概要　：起動中のInternet Explorerをすべて閉じます
' 引数　：なし
' 戻り値：なし
'***********************************************************
Public Sub TerminateIE()

    'Internet Exploreのプロセス名です
    Const PROC_NAME As String = "iexplore.exe"
    
    'エラーが発生しても処理を続行します
    On Error Resume Next
    
    '現在稼働中のプロセスの一覧を取得します
    Dim procList As Object
    Set procList = GetObject("winmgmts:").InstancesOf("win32_process")
    
    'すべてのプロセスからInternet Explorerのプロセスを検索します
    Dim p As Object
    For Each p In procList
        'Internet Explorerのプロセスが見つかった場合
```

```
        If (LCase(p.Name) = PROC_NAME) Then
            'プロセスを破棄します
            p.Terminate
        End If
    Next

    'エラーが発生していた場合
    If (Err.Number <> 0) Then
        'エラーをクリアします
        Err.Clear
    End If

    'エラー処理を通常に戻します
    On Error GoTo 0

End Sub
```

この「Common」モジュールが提供する関数群等は、次のとおりです。

関数名	Sleep
引数	時間（ミリ秒）
戻り値	なし
説明	Windows APIのSleep関数です。引数に指定した時間（ミリ秒単位）だけ、処理を停止することができます。 本書では、Internet Explorerのレスポンス待ちのときに使用しています。 ほかにも、プログラムの挙動が安定しないとき、Sleep関数によって一時的に処理を停止することで、挙動が安定するときもあります。
関数名	IsExistsURL
引数	URL
戻り値	指定のURLが存在した場合は論理型の真（True）、存在しなかった場合は論理型の偽（False）を返します。

説明	指定したURLが存在するかどうかをチェックします。 指定したURLが存在する場合はTrue、存在しない場合はFalseを返します。 指定のURLを開いてその結果を取得することで存在チェックを行いますので、この関数を通してからクローリングをしていたのでは、結果的に2度同じURLを開くことになります。 クローリングに時間がかかるようになってしまいますので、注意してください。
関数名	GetText
引数	URL
戻り値	指定のURLのBodyタグに記入されている文字データを返します。
説明	引数に指定したURLにて、そのWebページを解析し、文字データの内容を戻り値として返します。文字データは、HTMLドキュメントのBodyタグの内容です。文字データの取得は、InnerTextプロパティを参照することで取得できることは説明済みです。 この関数も、指定したURLのBodyタグからInnerTextプロパティを参照し、その内容を返しています。
関数名	GetIE
引数	URL
戻り値	指定のURLを表示していたInternet Explorerのオブジェクトを返します。指定のURLを表示しているInternet Explorerが存在しなければ、Nothingを返します。
説明	現在開いているInternet ExplorerのURLを1つずつ取得し、引数に指定したURLに合致するURLを開いているIntenet Explorerから最初にみつかったインスタンスを返します。 指定のURLを開いているInternet Explorerが1つも見つからない場合、戻り値にはNothingが返ります。
関数名	TerminateIE
引数	なし
戻り値	なし
説明	現在、起動中のInternet Explorerをすべて閉じます。この関数を実行することで、コンピューター上にInternet Explorerのプロセスが、1つも存在しなくなった状態にできます。 このサンプルプログラムでは、Internet Explorerが原因不明のエラーを出力したときに、Internet Explorerを再起動させる目的で使用します。

　ソースコードの大半が、今までの章で解説済みの内容です。唯一、TerminateIE()関数はどの章でも扱ってこなかったプロセス制御に関する部分ですので、ここで簡単に説明します。

　このTerminateIE()関数は、現在稼働中のInternet Exploreのプロセスをすべて強制終了させるための関数です。現在稼働中のプロセスを取得するには、WMIの機能を利用します。現在稼働中のプロセスを取得するのは、以下の部分です。

```
    '現在稼働中のプロセスの一覧を取得します
    Dim procList As Object
    Set procList = GetObject("winmgmts:").InstancesOf("win32_
process")
```

　Object型の変数「procList」には、稼働中のプロセス一覧がコレクションとして取得されます。次に、そのプロセスのコレクションからFor Eachステートメントによって1件ずつプロセスが取得されますので、そのプロセスがInternet Explorerなら（プロセス名が"iexplore.exe"なら）、そのプロセスのTerminate()メソッドを実行することで、当該プロセスを強制終了しています。

```
    'すべてのプロセスからInternet Explorerのプロセスを検索します
    Dim p As Object
    For Each p In procList
        'Internet Explorerのプロセスが見つかった場合
        If (LCase(p.Name) = PROC_NAME) Then
            'プロセスを破棄します
            p.Terminate
        End If
    Next
```

> **この節のまとめ**
>
> ・本章で紹介するサンプルプログラムは、「Main」モジュールと共通モジュールである「Common」モジュールからなる
> ・本書における「共通モジュール」の用語の定義は、他のプロジェクトでも汎用的に使用できるモジュールのこと
> ・現在稼働中のプロセスの一覧を取得するには、WMIを利用する

第7章

7-2　共通モジュールの作成　**373**

7-3 専用モジュールの作成

次に、「Main」モジュールの解説を行います。前節にて説明したとおり、「Main」モジュールは他のプロジェクトでは直接利用ができない、利用するとしたら手を加える必要がある関数群をまとめたものです。前節で定義した「共通モジュール」に対し、便宜上、「専用モジュール」という用語を用います。

サンプルコードの紹介

　本節で紹介するサンプルプログラムのソースコードは、今までの章で紹介したどのソースコードよりも長く、複雑です。前節も長めだったので、本節のソースコードと合わせて作成されるクローラーのサンプルコードは結構な量です。むろん、実際の業務で使用するExcelマクロの中で、もっと長いソースコードをご覧になったこともあるかもしれません。Microsoft Excelがインストールされてさえいれば、それだけで財務会計システムや在庫管理システムなどさまざまな業務システムを開発できるMicrosoft Excelのすごさを改めて認識せざるをえません。

　さて本節では、前節で作成した共通モジュールの関数を何度も呼び出します。前節でも説明しましたが、本節で紹介するモジュールと前節で紹介したモジュールの違いは、汎用性です。本節のモジュールをほかのプロジェクトで利用する場合は、一部に手を加える必要があるでしょう。

　以下、本章をもって説明するクローラーの、もっともコアな部分のロジックです。今までは、ソースコードの説明をモジュール単位で行っていましたが、本節では関数単位で行います。まずは、Privateレベルの構造体と変数の定義です。

◆Excel VBA

```
Option Explicit
```

```vb
'---------------------------------------
' 構造体定義
'---------------------------------------
Private Type robotsTxt
    Allow As Variant                'クローリングを許可するURLの配列
    Disallow As Variant             'クローリングを許可しないURLの配列
    CrawlDelay As Long              'クローリング間隔
    Sitemap As String               'サイトマップ
End Type


'---------------------------------------
' 変数定義
'---------------------------------------
Private CrawedPages As Variant      'クローリングしたWebページを記憶する配列
```

　robotsTxt構造体は、Robots.txtの内容を格納する構造体です。本節で開発するクローラーは、robots.txtの内容に従ってルールに則った行儀のよいクローリングを行います。読み込んだrobots.txtの内容を構造体に格納し、クローリングが許可されていないWebページへのクローリングを行わないようにしています。

　CrawedPages変数は、一度でも訪問したWebページをメモリ上に記憶するための配列です。訪問したWebページのURL文字列を記憶します。

　続いて、クローリングのメイン部分のロジックとなるCrawlingSample()関数の説明です。

◆Excel VBA

```vb
'*******************************************************
' 関数名：CrawlingSample
' 概要　：robots.txtを考慮したクローリングのサンプルです
' 引数　：なし
' 戻り値：なし
```

```vb
'***************************************************************
Sub CrawlingSample()
    
    '※
    'Webページを1頁ずつ解析するため、処理が完了するまで時間がかかります。
    '対象となるWebサイトのインターネットサーバーに負荷がかからない程度のアクセス頻度かと思います。
    '同一のWebサイトをクローリングする際には、必ずインターネットサーバーに負荷をかけないように気を使いましょう。
    
    '-------------------------------------------------------------
    ' ※
    ' ソシム社のWebサイトをクローリングします
    ' 他のサイトを試す場合は、URLを書き換えます
    '
    ' ソシム社のURL
    Const url As String = "http://www.socym.co.jp"
    '-------------------------------------------------------------
    
    '起動中のIntenet Explorerを閉じます
    Call TerminateIE
    
    'Internet ExplorerのCOMをインスタンス化します
    Dim ie As New InternetExplorer
    
    'Internet Explorerを表示しません
    ie.Visible = False
    
    'robots.txtの内容を格納する構造体を定義し、初期化します
    Dim rbt As robotsTxt
    With rbt
        .CrawlDelay = 0
```

```
        .Allow = Array()
        .Disallow = Array()
        .Sitemap = ""
    End With
    
    'robots.txtの読み込み、その内容を構造体に格納します
    Call ReadRobotsTxt(ie, url & "/robots.txt", rbt)
    
    'クローリングしたWebページを記憶する文字列型配列を初期化します
    CrawedPages = Array()
    
    'クローリングを開始します
    If (ExecCrawling(ie, url, url, rbt) = False) Then
        Exit Sub
    End If
    
    '起動中のIntenet Explorerを閉じます
    Call TerminateIE
    
    '完了メッセージを表示します
    Debug.Print "完了しました。"
    
End Sub
```

　専用モジュールとして作成したとはいえ、後で改良して新たなクローラーを開発する時に注意すべき点などをソースコード上にコメントとして残しました。

　まずは、最初にクローリングを開始するURLを定義します。このサンプルプログラムは、本書の出版元であるソシム社のWebサイトのトップページを定義しています。

　続いて、現在起動中のInternet Explorerをすべて終了させます。クローリング中、Internet Explorerの挙動が不安定になることがあり、そのつどInternet Explorerを再起動する必要があります。このサンプルプログラムを実行する前には、必ずInternet Explorerでの作業を完了させておいてください。　たとえば、Internet

Exploreでネットバンキングを行っている最中にこのクローラーを実行しないでください。場合によっては、ネットバンキング中のInternet Explorerを強制終了させる可能性があります。その部分に該当する箇所が、TerminateIE()関数を呼び出しているところです。

　続いて、Internet Explorerのインスタンスを取得します。その後に、robots.txtの内容を記憶する構造体を初期化します。

```
'robots.txtの内容を格納する構造体を定義し、初期化します
Dim rbt As robotsTxt
With rbt
    .CrawlDelay = 0
    .Allow = Array()
    .Disallow = Array()
    .Sitemap = ""
End With
```

　このrobotsTxt構造体は、robots.txtの内容が項目別に記憶されます。つまり、CrawlDelayにはクローリング間隔をLong型で記憶、Allowにはクローリングを許可するURLを文字列型で記憶します。CrawDelayは数値型のため0で初期化し、AllowとDisallowはURL（文字列）を配列として記憶するため、空っぽの配列で初期化、Sitemapは空文字列で初期化します。robots.txtの内容を記憶する構造体を初期化したら、ReadRobotsTxt()関数を実行し、robots.txtの内容を構造体に記憶します。

　robots.txtの読み込みを終えたら、クローリング済みのURLを記憶する配列をクリアし、クローリングを開始します。

```
'クローリングを開始します
If (ExecCrawling(ie, url, url, rbt) = False) Then
    Exit Sub
End If
```

　クローリングのメインとなる処理は、ExecICrawling()関数内で行います。この関数は、Internet Explorerのインスタンスとクローリングを開始するWebサイトのトッ

プディレクトリのURL、クローリングを開始するURL、読み込んだrobots.txtの内容が格納されている構造体が引数に必要です。

　この関数の実行が完了すると、正常終了ならTrue、そうでなければFalseが返ります。戻り値としてFalseが返ってきた場合、CrawlingSample()関数を抜け、クローリングを終了します。戻り値としてTrueが返ってきた場合は、再びTerminateIE()関数を実行してすべてのInternet Explorerのプロセスを終了し、イミディエイトウィンドウに"完了しました。"の文字を表示してCrawlingSample()関数を終了します。

　今度は、ReadRobotsTxt()関数を見てみましょう。この関数は、robots.txtの内容を読み込み、その内容を構造体に格納する関数です。

◆Excel VBA

```
'***************************************************************
' 関数名：ReadRobotsTxt
' 概要　：指定されたパスのrobots.txtを読み込みます
' 引数　：[ie]...Internet Explorerのインスタンス
'         [rbpath]...robots.txtのパス
'         [rbt]...robots.txtの内容
' 戻り値：なし
'***************************************************************
Private Sub ReadRobotsTxt( _
    ByRef ie As InternetExplorer, _
    ByRef rbpath As String, _
    ByRef rbt As robotsTxt)
    
    'メッセージを格納する変数です
    Dim msg As String: msg = ""
    
    'robots.txtの存在チェックを行います
    If (IsExistsURL(rbpath) = False) Then
        '処理を抜けます
        Exit Sub
    End If
```

```vb
'robots.txtを読み込みます
Dim s As String
s = GetText(rbpath, ie)


'読み込んだrobots.txtを改行で分割します
'※
'改行コードがvbCrもしくはvbLfの場合もあります
'うまく分割できない場合は、vbCrLfをvbCrもしくはvbLfに変更してください
Dim arrLine As Variant
arrLine = Split(s, vbCrLf)


'対象クローラー名を保存する変数です
Dim tgtname As String
tgtname = ""


'1行ずつ読み込みます
Dim i As Integer
For i = 0 To UBound(arrLine)

    'コロン（:）の存在チェックを行います
    If (0 < InStr(1, arrLine(i), ":")) Then

        'コロン（:）で分割します
        Dim arrData As Variant
        arrData = Split(arrLine(i), ":")

        '項目名を取得します
        Dim sCol As String
        sCol = Trim(arrData(0))

        '項目名に該当する値を取得します
```

```
Dim sVal As String
sVal = Trim(arrData(1))

'項目名を解析します
Select Case sCol
Case "User-agent"

    '対象となるクローラーの名前を取得
    tgtname = sVal

Case "Allow"

    'アクセス制限がないディレクトリやファイルのパスを取得
    If (tgtname = "*") Then
        Dim a As Integer
        a = UBound(rbt.Allow) + 1
        ReDim Preserve rbt.Allow(a)
        rbt.Allow(a) = sVal
    End If

Case "Disallow"

    'アクセス制限があるディレクトリやファイルのパスを取得
    If (tgtname = "*") Then
        Dim d As Integer
        d = UBound(rbt.Disallow) + 1
        ReDim Preserve rbt.Disallow(d)
        rbt.Disallow(d) = sVal
    End If
```

```
'クローリング間隔の指定を考慮する場合にコメントを解除してください
'Webページを切り替えるつど、Sleep()関数で指定時間分待機します
'ただし、本文に記載のとおり、クローリング間隔には時間の単位が指定されておらず、
'誤った時間の単位で時間の間隔を指定する可能性もあり、注意が必要です
'
'            Case "Crawl-delay"
'                If (tgtname = "*") Then
'
'                End If


'サイトマップに従ったクローリングを行う場合にコメントを解除してください
'ただし、サイトマップが指定されていないrobots.txtや、サイトマップの記述方法が統一されていないことから、
'汎用性を持たせた処理にするとなると少々面倒になります
'
'            Case "Sitemap"
'                If (tgtname = "*") Then
'
'                End If



            End Select

            'コロン(:)が存在しない行は読み飛ばします
            Else
                '何もしません

            End If
    Next i

End Sub
```

最初に、指定したrobots.txtがWeb上に存在するかどうかをIsExistsURL()関数で調査します。この関数は、共通モジュールに定義済みです。

robots.txtが存在する場合は、その内容を読み込み、文字列型変数に格納します。robots.txtの読み込みは、標準モジュールに定義したGetText()関数で行います。

その後、改行コードの位置で分割して行ごとに配列に格納します。

```
'robots.txtを読み込みます
Dim s As String
s = GetText(rbpath, ie)

'読み込んだrobots.txtを改行で分割します
'※
'改行コードがvbCrもしくはvbLfの場合もあります
'うまく分割できない場合は、vbCrLfをvbCrもしくはvbLfに変更してください
Dim arrLine As Variant
arrLine = Split(s, vbCrLf)
```

その際、改行コードがvbCrLfであることが前提でプログラムを作成しています。もし、それ以外の改行コードの場合、vbCrLfではなく、適切な改行コードに変更する必要があります。もしくは、次のように強制的に改行コードを統一する方法もあります。

```
'vbCrLfをvbCrに変換します
s = Replace(s, vbCrLf, vbCr)

'vbLfをvbCrに変換します
s = Replace(s, vbLf, vbCr)

'vbCrで文字列を分割します
Dim arrLine As Variant
arrLine = Split(s, vbCr)
```

文字列を改行コードで分割することで行単位に分けられたrobots.txtを、今度は1行ずつ配列から取得します。robots.txtは、コロン「:」によって項目名と値が分けられていますので、行単位の文字列をコロンで分割することで、項目名とその値を取得します。

```
'コロン (:) で分割します
Dim arrData As Variant
arrData = Split(arrLine(i), ":")

'項目名を取得します
Dim sCol As String
sCol = Trim(arrData(0))

'項目名に該当する値を取得します
Dim sVal As String
sVal = Trim(arrData(1))
```

　後は、1行処理するごとに取得した項目名に該当する構造体の値を書き換えるだけです。
　現時点では、クローリング間隔を指定する「Crawl-delay」と、Webサイトの全体構成を知るための「Sitemap」に関して、このサンプルプログラムでは何の処理も行っていません。このあたりは、このサンプルプログラムを拡張する際の検討事項でしょう。
　さて、いよいよこのサンプルプログラムのクローリングのメイン処理を行うExecCrawling()関数の説明です。

◆Excel VBA
```
'*************************************************************
' 関数名：ExecCrawling
' 概要　：指定したサイトをクローリングします
' 引数　：[ie]...Internet Explorerのインスタンス
'         [urlTop]...Webサイトのトップディレクトリ
```

```vb
'           [urlTgt]...クローリングするWebページ
'           [rbt]...robots.txtの内容
' 戻り値：正常にクローリングできればTrue、そうでなければFalse
'**************************************************************
Private Function ExecCrawling( _
    ByRef ie As InternetExplorer, _
    ByVal urlTop As String, _
    ByVal urlTgt As String, _
    ByRef rbt As robotsTxt) As Boolean

    '戻り値を初期化します
    ExecCrawling = False

    'エラーが発生しても処理を続行します
    On Error Resume Next



    '-----------------------------------------
    ' ① robots.txtによるアクセス制限の判断
    '-----------------------------------------


    '指定されたURLはアクセス制限の対象となっているかどうかをチェックします
    If (CheckRobotsTxt(urlTop, urlTgt, rbt) = False) Then
        'アクセス制限の対象となっている場合はクローリングを行いません
        ExecCrawling = True
        Exit Function
    End If



    '-----------------------------------------
    ' ② クローリングしたWebページに対する処理
    '-----------------------------------------
```

```vb
        'クローリングするURLをイミディエイトウィンドウに表示します
        '※
        '本来なら、ここでクローリングしたWebページに対する処理を行います
        Debug.Print urlTgt



    '----------------------------------------
    ' ③ <a>タグを探してクローリング
    '----------------------------------------

        '取得したテキストの読み込み位置を格納する変数です
        Dim pos As Long
        pos = 1

        'HTMLのエレメントを格納する変数です(DispHTMLElementCollection)
        Dim em As Object

        '指定されたサイトを開きます
        ie.navigate urlTgt
        If (Err.Number <> 0) Then
            '※
            'Internet Explorer 11以降、原因不明の「オートメーションエラー」が多発します
            'そのため、Internet Explorerが制御を失った場合は再度Internet Explorerを起動し直します
            Set ie = RefreshIEInstance(urlTgt)
        End If

        'Internet ExplorerがURLを開けずにループし続ける場合を考慮し、制限時間を設けます
        'その前に、読み込み開始時間を記憶します
```

```
Dim st As Date
st = Now()

'完全に開ききるまで待機します
Do
    '開き終えたらループを抜けます
    If (ie.Busy = False) Then
        Exit Do
    End If

    '10秒経過してもInternet Explorerから処理が返ってこない場合は該
当URLの読み込みを中断します
    If (DateAdd("s", 10, st) < Now()) Then
        Debug.Print "10秒以上経過したため、処理を中断します(ExecCrawling)"
        ie.stop
        Exit Do
    End If

    '1秒間待機します
    Sleep 1000

    '念のためタスクを開放します
    DoEvents
Loop

'ハイパーリンクのタグを取得します
Dim ancObj As HTMLAnchorElement

'<a>タグを取得します
Set em = ie.document.getElementsByTagName("A")
```

```
    '「オブジェクトは、このプロパティまたはメソッドをサポートしていません。」
    If (Err.Number = 438) Then
        Err.Clear
        
        '該当URLのクローリングを終了します
        ExecCrawling = True
        Exit Function
    
    'その他のエラー
    ElseIf (Err.Number <> 0) Then
        Err.Clear
        
        'Internet Explorerを再起動し、<a>タグを取得しなおします
        Set ie = RefreshIEInstance(urlTgt)
        Set em = ie.document.getElementsByTagName("A")
    End If
    
    '<a>タグを1件ずつ調査します
    Dim idx As Integer: idx = 0
    For idx = 0 To em.Length - 1
    
        '念のため、タスクをいったん解放します
        '※
        '安定したクローリングのため
        DoEvents
        
        '<a>タグのオブジェクトを変数にセットします
        Set ancObj = em(idx)
        If (Err.Number <> 0) Then
            Err.Clear
            
            '※
```

```
            'このタイミングで「書き込みできません。」のエラーが発生する場合が
あります
            'その場合、Internet Explorerを再起動します
            Set ie = RefreshIEInstance(urlTgt)
            Set em = ie.document.getElementsByTagName("A")

            '<a>タグ読み込み中のインデックスの値の方が再取得した<a>タグコ
レクションの要素数を超過した場合
            If (em.Length - 1 < idx) Then
                'ループを抜けます
                Exit For
            End If
        End If

        '<a>タグからリンク先を取得します
        Dim href As String
        href = ancObj.href
        If (Err.Number <> 0) Then
            Err.Clear

            '※
            'このタイミングで「書き込みできません。」のエラーが発生する場合が
あります
            'その場合、Internet Explorerを再起動します
            Set ie = RefreshIEInstance(urlTgt)
            Set em = ie.document.getElementsByTagName("A")

            '<a>タグ読み込み中のインデックスの値の方が再取得した<a>タグコ
レクションの要素数を超過した場合
            If (em.Length - 1 < idx) Then
                'ループを抜けます
                Exit For
```

7-3 専用モジュールの作成　**389**

```
            End If

            '<a>タグのオブジェクトを変数にセットします
            Set ancObj = em(idx)

            '<a>タグからリンク先を取得します
            href = ancObj.href
        End If

        '同一Webサイトの場合
        '※
        '同一Webサイトだけをクローリングの対象としています。
        'これを撤廃することで、複数のWebサイトにまたがったクローリングが可能
です。
        If (0 < InStr(1, href, urlTop)) Then

            'ラベル表示やGET()メソッドのパラメーターは削除します
            href = ConvURL(href)

            'クローリング対象の拡張子なら
            If (IsTargetFile(href)) Then

                '以前クローリングしたWebページでなければ
                If (CrawlingDone(href) = False) Then
                    'WebページのURLを記憶します
                    Call SaveURL(href)

                    '再帰します。
                    If (ExecCrawling(ie, urlTop, href, rbt) = False) Then
                        Exit Function
                    End If
```

```
                End If
            End If
        End If
    Next

    'エラー処理を通常に戻します
    On Error GoTo 0

    '正常終了を返します
    ExecCrawling = True

End Function
```

まずは関数の先頭にて、この関数の引数に指定されたURLはクローリングが許可されているサイトかどうか、robots.txtの内容を見て判断します。

```
'----------------------------------------
' ① robots.txtによるアクセス制限の判断
'----------------------------------------

    '指定されたURLはアクセス制限の対象となっているかどうかをチェックします
    If (CheckRobotsTxt(urlTop, urlTgt, rbt) = False) Then
        'アクセス制限の対象となっている場合はクローリングを行いません
        ExecCrawling = True
        Exit Function
    End If
```

続いて、クローリングしたWebデータを扱う処理です。このサンプルプログラムでは、ただ訪問したURLをイミディエイトウィンドウに表示するだけの処理ですが、実際には、取得したデータをファイルベースで保存したり、データベースに保存する処理をここに記述します。

```
'----------------------------------------
' ②　クローリングしたWebページに対する処理
'----------------------------------------

    'クローリングするURLをイミディエイトウィンドウに表示します
    '※
    '本来なら、ここでクローリングしたWebページに対する処理を行います
    Debug.Print urlTgt
```

　続いて、現在取得中のHTMLから<a>タグを解析して、次のクローリング先とします。現在取得中のURLに<a>タグが存在しなければExecCrawling()関数を抜け、<a>タグが存在する場合は再度ExecCrawling()を再帰呼び出しします。

　このあたりで、Internet Explorerが不安定な状態になる可能性があります。そのため、随所でErr.Numberを確認し、エラーが発生している場合はInternet Explorerを再起動しています。再起動する前にどこまで<a>タグを読み込んだのかをメモリ上に記憶させておき、Internet Explorerを再起動した後に再びその位置からのHTML解析を行います。

　この原因不明なエラーの対策によって処理が長くなってしまいましたが、要はHTMLから<a>タグの位置を上から順番に随時取得し、それを次のクローリング先としているだけです。

　また、コメントにもあるとおり、現時点では同一ドメインのWebサイトしかクローリング対象とみなしていません。つまり、ソシム社のWebサイトをクローリング中にAmazonのWebサイトをクローリングはしないようになっています。このしくみを撤廃したい場合は、以下のIF文をコメントアウトします。

```
'同一Webサイトの場合
'※
'同一Webサイトだけをクローリングの対象としています。
'これを撤廃することで、複数のWebサイトにまたがったクローリングが可能です。
If (0 < InStr(1, href, urlTop)) Then
```

　次は、CheckRobotsTxt()関数です。

◆Excel VBA

```
'*************************************************************
' 関数名：CheckRobotsTxt
' 概要  ：指定されたURLにアクセス制限があるかどうかをチェックします
' 引数  ：[urlTop]...クローリングするWebサイトのトップディレクトリ
'         [urlTgt]...アクセス制限をチェックするURL
'         [rbt]...robots.txtの内容
' 戻り値：アクセス制限がなければFalse、アクセス制限があればTrue
'*************************************************************
Private Function CheckRobotsTxt( _
    ByVal urlTop As String, _
    ByVal urlTgt As String, _
    ByRef rbt As robotsTxt) As Boolean

    '戻り値となる変数を定義します
    Dim b制限有 As Boolean
    b制限有 = False

    'アクセス制限のあるディレクトリかどうかをチェックします
    Dim i As Integer
    For i = 0 To UBound(rbt.Disallow)
        Dim d As String
        d = urlTop & rbt.Disallow(i)
        If (0 < InStr(1, urlTgt, d)) Then
            b制限有 = True
            Exit For
        End If
    Next i

    'アクセス制限があるディレクトリのなかで、一部制限のないディレクトリかどうか
をチェックします
    If (b制限有) Then
```

```
        Dim j As Integer
        For j = 0 To UBound(rbt.Allow)
            Dim a As String
            a = urlTop & rbt.Allow(j)
            If (0 < InStr(1, urlTgt, a)) Then
                b制限有 = False
                Exit For
            End If
        Next j
    End If

    'アクセス制限はなかったため、戻り値に「真（True）」を返します
    CheckRobotsTxt = Not b制限有

End Function
```

　この関数は、robots.txtの内容を考慮し、指定したURLをクローリング対象とみなしてよいものかどうかを判断するための関数です。robots.txtは、すでに構造体に格納済みなので、その構造体の内容とURLの文字列を比較します。前述のとおり、考慮するのはAllowディレクティブとDisallowディレクティブの2つです。それ以外のディレクティブについては考慮していません。

　次に紹介するConvURL()関数は、URLからラベル指定やGET()メソッドのパラメーターを削除するための関数です。

◆Excel VBA

```
'***********************************************************
' 関数名：ConvURL
' 概要　：指定されたURLからラベル指定およびGET()メソッドのパラメーターを削除します
' 引数　：[url]...変換前URL
' 戻り値：変換後URL
'***********************************************************
```

```
Private Function ConvURL(ByVal url As String) As String

    '戻り値となる変数を定義します
    Dim sRet As String
    sRet = url

    'ラベル指定を削除します
    Dim shPos As Integer
    shPos = InStr(1, sRet, "#")
    If (0 < shPos) Then
        sRet = Left(sRet, shPos - 1)
    End If

    'GET()メソッドのパラメーターを削除します
    Dim qPos As Integer
    qPos = InStr(1, sRet, "?")
    If (0 < qPos) Then
        sRet = Left(sRet, qPos - 1)
    End If

    '変換後の文字列を戻り値として返します
    ConvURL = sRet

End Function
```

　たとえば、HTMLのURLには次のようなラベル指定やGETメソッドのパラメーターが付加されている場合があります。

　　　ラベル指定
　　　http://hoge.com/index.html#label

　　　GETメソッドのパラメーター

```
                http://hoge.com/index.php?name=hoge
```

　このようなURLがConvURL()関数の引数に指定された場合、"#"以降のラベル指定の部分や"?"以降のGETメソッドのパラメーターの文字列を削除したURLを返します。
　次のCrawlingDone()関数は、引数に指定されたURLがクローリング済みかどうかを返す関数です。

◆Excel VBA

```
'***************************************************************
' 関数名：CrawlingDone
' 概要  ：指定されたURLがすでにクローリング済みかどうかをチェックします
' 引数  ：[url]...クローリング済みかどうかをチェックするURL
' 戻り値：すでにクローリング済みであればTrue、まだクローリングしていなければ
False
'***************************************************************
Private Function CrawlingDone(ByVal url As String) As Boolean

    '記憶したクローリング済みURLを1件ずつ調べます
    Dim i As Integer
    For i = 0 To UBound(CrawedPages)

        '引数に指定したURLと合致するURLがすでにクローリング済みの場合
        If (url = CrawedPages(i)) Then

            '戻り値にTrueをセットして処理を抜けます
            CrawlingDone = True
            Exit Function

        End If
    Next i

    'クローリング済みURLには合致するURLがなかったため、戻り値にFalseを返し
```

```
て処理を抜けます
    CrawlingDone = False

End Function
```

すでにクローリング済みかどうかは、CrawedPages変数が文字列型配列として保持していますので、その配列のなかに該当するURLが存在するかどうかを調べるだけです。

次のSaveURL()関数は、指定したURLをCrawedPages変数に格納する関数です。

◆Excel VBA
```
'*************************************************************
' 関数名：SaveURL
' 概要  ：指定されたURLをクローリング済みURLとします
' 引数  ：[url]...クローリング済みとして処理するURL
' 戻り値：なし
'*************************************************************
Private Sub SaveURL(ByVal url As String)

    '配列を1つ増やします
    Dim idx As Integer
    idx = UBound(CrawedPages) + 1
    ReDim Preserve CrawedPages(idx)

    '配列の最後尾にURLを追加します
    CrawedPages(idx) = url

End Sub
```

このSaveURL()関数は、指定したURLをクローリング済みURLとして保存するだけの機能しかありませんが、クローリングしたデータを保存するようにこのサンプルプログラムを改修する場合は、この関数内にてデータを保存するロジックを追加する

のがよいでしょう。

次に、RefreshIEInstance()関数です。

◆Excel VBA

```
'**************************************************************
' 関数名：RefreshIEInstance
' 概要  ：新たに生成したInternet Explorerのインスタンスを返します
' 引数  ：なし
' 戻り値：なし
'**************************************************************
Private Function RefreshIEInstance(ByVal url As String) As InternetExplorer

    'すべてのInternet Explorerをいったん閉じます
    Call TerminateIE

    'Internet ExplorerのCOMをインスタンス化します
    Dim ie As New InternetExplorer

    'Internet Explorerを表示しません
    ie.Visible = False

    '指定されたURLを開きます
    ie.navigate url

    'Internet ExplorerがURLを開けずにループし続ける場合を考慮し、制限時間を設けます
    'その前に、読み込み開始時間を記憶します
    Dim st As Date
    st = Now()

    '完全に開ききるまで待機します
```

```vb
        Do
            '開き終えたらループを抜けます
            If (ie.Busy = False) Then
                Exit Do
            End If
            
            '10秒経過してもInternet Explorerから処理が返ってこない場合は該当URLの読み込みを中断します
            If (DateAdd("s", 10, st) < Now()) Then
                Debug.Print "10秒以上経過したため、処理を中断します(ExecCrawling)"
                ie.stop
                Exit Do
            End If
            
            '1秒間待機します
            Sleep 1000
            
            '念のためタスクを開放します
            DoEvents
        Loop
        
        '生成したieのインスタンスを戻り値として返します
        Set RefreshIEInstance = ie
        
End Function
```

　この関数は、現在開いているInternet Explorerをいったんすべて閉じ、引数に指定されたURLのみを再度Internet Explorerで開いてそのインスタンスを返す関数です。

　Internet Explorerの挙動が不安定になった際にInternet Explorerを再起動し、さらにそれまで開いていたURLをもう一度開きなおす処理をこの関数で行っています。

次のIsTargetFile関数は、URLの拡張子をみてクローリング対象とみなすかどうかを判断するための関数です。

◆Excel VBA

```
'************************************************************
' 関数名：IsTargetFile
' 概要　：指定されたURLがクローリング対象かどうかを返します
' 引数　：[url]...URL
' 戻り値：クローリング対象ならTrue、そうでなければFalse
'************************************************************
Private Function IsTargetFile(ByVal url As String) As Boolean

    '戻り値を初期化
    IsTargetFile = False

    'ディレクトリの場合はクローリング対象とみなします
    If (Right(url, 1) = "/") Then
        IsTargetFile = True
        Exit Function
    End If

    'クローリング対象の拡張子を列挙します
    Dim tgtExt As Variant
    tgtExt = Array("htm", "html", "php", "cgi")

    '拡張子を取得
    Dim e As String
    e = ""

    'ピリオド（.）を検索する位置を示す変数です
    Dim pos As Integer
    pos = Len(url) - 1
```

```vb
'URLの文字列を右から1文字ずつ検索します
Do
    'ピリオドを発見した場合
    If (Mid(url, pos, 1) = ".") Then
        'ピリオド以降の文字列から拡張子を取得します
        e = Right(url, Len(url) - pos)
        'ループを抜けます
        Exit Do
    End If

    'ピリオドよりも先にスラッシュ（/）を発見した場合
    If (Mid(url, pos, 1) = "/") Then
        'ディレクトリとみなして処理を抜けます
        IsTargetFile = True
        Exit Function
    End If

    '1文字左へ移動します
    pos = pos - 1

    'ピリオドが見つからなかった場合
    If (pos < 1) Then
        'ループを抜けます
        Exit Do
    End If
Loop

'拡張子が取得できなかった場合はクローリング対象外とみなします
If (e = "") Then
    Exit Function
End If
```

```vb
    'クローリング対象の拡張子かどうかを判別します
    Dim b As Boolean
    b = False
    
    Dim i As Integer
    For i = 0 To UBound(tgtExt)
    
        'クローリング対象の拡張子ならフラグを立ててループを抜けます
        If (LCase(e) = tgtExt(i)) Then
            b = True
            Exit For
        End If
    
    Next i
    
    'フラグが立っていた場合
    If (b) Then
        'クローリング対象のURLとみなします
        IsTargetFile = True
    End If

End Function
```

　クローリングの対象となるファイルの拡張子を事前に指定しておくことにより、クローラーが解釈できない種類のファイルをクローリングするのを防ぎます。

　この専用モジュールすべてにおいて、URLやHTMLの解釈における文字列操作をかなり多用しています。クローラーの開発にあたっては、この文字列操作が重要なので、Excel VBAによる文字列操作のための関数にしっかりと慣れておく必要があるでしょう。

　また、Internet Explorerの挙動には常に目を配っておく必要があります。On Error Resume Nextによって、クローラーがエラーによって中断しないようにして

おきながら、Err.Numberを常に監視し、エラーが発生した場合はInternet Explorerを再起動し、これまでの処理を再度継続させるしくみが必要となってくるでしょう。

> **この節のまとめ**
> ・エラーによってクローラーが中断しないよう、On Error Resume Nextを使ってエラーが発生しても処理を中断しないようにする
> ・Err.Numberを随時確認することによりエラーの発生を把握し、その場合はInternet Explorerを再起動させてから処理を継続する
> ・クローラーの開発には、URLやHTMLの文字列の操作に慣れる必要がある。文字列関数の習熟が必須となる

7-4
サンプルプログラムを
さらに拡張させるには

本章で紹介したクローラーのサンプルプログラムを、さらに拡張させてみましょう。主に第5章で紹介した、実業務での運用を意識しての拡張です。継続的にクローリングを行う場合は、データベースとの連携が不可欠です。

拡張すべき機能とソースコードの箇所

　本章で紹介したクローラーをさらに拡張させるとしたら、まずは最初にデータベースに対応させるべきでしょう。
　現時点ではデータベースに対応していないため、せっかくメモリ上に記憶した訪問済みサイトのURLは、クローラーを終了することですべてクリアされてしまいます。また、サンプルプログラムではクローリングしたサイトのURLを表示するだけでしたが、クローリングで収集したデータをまるごとデータベースに保存しておけば、あとでまとめてスクレイピングすることが可能です。
　このクローラーをデータベース対応するにあたり、まずはデータベースシステムを選定します。お勧めは、第5章でも紹介したSQLServerもしくはMicrosoft Accessです。どちらもMicrosoft社の製品であり、WindowsOS／Microsoft Excelと合わせてMicrosoft社の製品でそろえることによる親和性の高さがポイントです。第5章でも説明したとおり、SQLServerのExpress Editionであれば無償で使用できますし、Microsoft Accessは社内システム管理者のパソコンであればすでにインストールされているケースも多いことでしょう。クローリングした大量のデータを保存・管理する必要があればSQLServerを、クローリングしたデータを集計し、帳票を作成する場合はMicrosoft Accessがお勧めです。
　さて、データベースシステムが決まったら、今度は何をデータベースに保存するか

を決定します。たとえば、「1週間前にクローリングして収集したデータであれば、再度クローリングしなおす」などといった運用も考えられるので、データベースに保存する際には保存した日時も一緒にデータベースに格納しておきたいものです。

・データ取得日時
・URL
・ファイルの種類（HTML／XML／CSVなど）
・ファイルの内容（テキストデータ）

の4点を最低でもカラムとして含むテーブルを作成し、クローリングしたらそのテーブルに追加・更新するのがよいでしょう。ただし、robots.txtの内容は、このテーブルには含めません。robots.txtは、データベースに保存されている1週間前の内容を読み込むのではなく、クローリングするたびに最新の内容を読み込みなおします。

　さて、データベース対応化を行うにあたり、Excel VBA上では訪問済みサイトを記憶するために使用していた文字列型配列「CrawedPages」が不要となります。また、CrawlingDone()関数は、CrawedPages配列を参照するのではなく、データベースに保存しているURLのなかに、同一のURLがすでに存在するかどうかをチェックするように変更します。

　さらにSaveURL()関数は、CrawedPages配列にURLを保存するのではなく、データベースにURLを保存するように変更します。その際、URLとともにその内容（HTMLやXMLの内容をまるごと）もデータベースに保存します。SQLServerの場合、PDFファイルのようなバイナリファイルであってもそのままのフォーマットでデータベースに保存できます。その場合は、バイナリ型のデータ列をテーブルに追加しておく必要があります。

　また、たとえば「一度訪れたサイトであっても1週間経過していたら再度読み込みなおす」という場合では、CrawlingDone()関数内にて、データベースに保存されている日時と現在の日時を比較し、一週間の開きがあった場合はクローリングを許可するといった方法をロジックに組み込みます。

　さらに、クローリングが正常に行われているかどうかを指定のメールアドレスに対してメール送信するしくみもあるとよいでしょう。クローリングの開始と終了、エラーが発生したタイミングなどでログを出力し、それを任意のタイミングでメールに送信する機能を設ければ、クローリングの成功可否を瞬時に把握でき、より正確に業

務を遂行できまることでしょう。

　最後に、このサンプルプログラムには、robots.txtのCrawl-delayとSitemapに関する項目の対応を行っていません。この2つは純粋なrobots.txtの仕様ではないとはいえ、一般的に、使われる頻度の高い項目ですので、真に行儀のよいクローリングを目指すなら対応した方がよいでしょう。

> **この節のまとめ**
> ・継続的にクローリングをするならデータベースシステムの利用が不可欠
> ・大量のデータを保存するのであればSQLServerを、データを集計して帳票に出力するのであればMicrosoft Accessがお勧め
> ・データベース対応を行う場合、サンプルプログラムにて改修する主な場所は、SaveURL()関数

> **7章のおさらい**
>
> 　今までの章で説明した、Internet Exploreの制御やHTMLタグの解析に関する知識だけでは、クローラーの開発にいろいろと苦労することがおわかりいただけたでしょう。
>
> 　特に問題となるのが、Internet Explorerの挙動の不安定さです。これは、おそらくはWindows OSのバージョンや、Internet Explorerのバージョンにも依存すると思われるのですが、本著執筆時点の最新環境（Windows 10、Internet Explorer 11）では、頻繁に原因不明のエラーが発生します。
>
> 　そのため、クローリングプログラムでは、あらかじめエラーが発生することを前提にしたプログラミングが必要となります。
>
> 　本章のサンプルプログラムは、今までの章で紹介したサンプルプログラムと比較すると少々長くなってしまいましたが、このサンプルプログラムを活用することで、さまざまなWebサイトへのクローラーを開発していただくことができれば、著者としてこれ以上の喜びはありません。

Appendix

Appendixでは、新たなクローリング手法として、「Wget」をExcel VBAから操作する方法について、説明します。

「Wget」を使えば、コマンド一発で指定したドメインのすべてのファイルを一気にダウンロードすることも可能です。

Appendix
最強のクローリングツールの紹介

「Wget」をExcelVBAから操作してクローリングする方法について説明します。ファイルのダウンロードについてはすべて「Wget」に任せ、ExcelVBAはスクレイピングとクローリング先の選定に専念するというやり方です。

　最強のクローリングツールを紹介します。
　本書は、こういったツールの類を一切使わないことを売りにしているのですが、逆に本書の読者が「クローラーを開発をしているのに、このツールのことを知らないの？」などと第三者に責められることがあると著者としても心苦しいので、Appendixとして少し取り上げることにします。
　その最強のツールの名は、「Wget」と言います。
　Wgetは、以下のWebサイトからダウンロードすることができます。

　　GNU Wget
　　https://www.gnu.org/software/wget/

　Wgetは、フリーソフトウェア財団（Free Software Foundation）を設立した天才プログラマー、リチャード・ストールマン（Richard M. Stallman）が発案したGNUライセンスにより公開されており、誰もが無料で使用することができます。
　脇道に逸れますが、フリーウェアとフリーソフトウェアは違います。フリーウェアは、無料で使えるソフトウェアです。フリーソフトウェアは、ソースコードが公開されており、自由に改変することを許可されているソフトウェアです。ただし、フリーソフトウェアを改変した場合、そのソースコードも改めて公開することを強要します。フリーソフトウェアを改変しても、常にフリーソフトウェアであることを強要するのです。フリー、イコール無料と取られがちではあるのですが、フリーソフトウェ

408　Appendix

アのフリーには無料の意味はありません。自由（Free）です。ソースコードを自由に利用できることを　約束するソフトウェアなのです。

　たまに勘違いされているユーザーに、「Wgetって商用利用できないんじゃないの？」などと言われますが、前述のとおり、フリーソフトウェアのフリーの意味に、無料であることは含まれていません。実際、リチャード・ストールマン自身も、Emacsというテキストエディタのフリーソフトウェアをテープに焼いて150ドルで販売していました。

　さて、Wgetは非常に優れたクローリングツールではあるのですが、コマンドライン上で使用するツールのため、少々使い方を難しいと感じるかも知れません。Wgetに関する詳しい使い方については、インターネット上で調べてみればすぐに情報を入手することが可能なので、本書ではExcel VBAからWgetを利用する方法について、サンプルプログラムをもって説明します。

　次のプログラムは、Excel VBAからWgetを実行し、指定したWebページからファイルをまるごと一式ダウンロードする、非常に強力なサンプルプログラムです。

◆ExcelVBA

```
Option Explicit

'-------------------------------
' 定数定義
'-------------------------------
'ダウンロードファイルのURL
'※
'ファイルを一式ダウンロードしたいWebサイトを指定します。
'Webサイトの規模によって、かなりの時間がかかる場合があります。
Private Const TARGET_URL As String = "http://exsample.co.jp/index.html"


'-------------------------------
' Win32 API定義
'-------------------------------
Private Declare Function OpenProcess Lib "KERNEL32.DLL"
```

```vb
(ByVal dwDesiredAccess As Long, ByVal bInheritHandle As
Long, ByVal dwProcessId As Long) As Long
Private Declare Function CloseHandle Lib "KERNEL32.DLL"
(ByVal hObject As Long) As Long
Private Declare Function WaitForSingleObject Lib "KERNEL32.
DLL" (ByVal hHandle As Long, ByVal dwMilliseconds As Long)
As Long

Private Const SYNCHRONIZE As Long = &H100000
Private Const INFINITE As Long = &HFFFF


'=============================================================
' プロパティ：WGET.EXEのフルパス
'=============================================================
Private Property Get WGetPath() As String
    '※
    'このExcelマクロファイルと同一ディレクトリのWgetフォルダにWget.exe本
体があるものとします。
    WGetPath = ThisWorkbook.Path & "\wget\wget.exe"
End Property


'*************************************************************
' 関数  ：Wgetサンプル
' 概要  ：WgetをExcel VBA上から実行するサンプルプログラムです。
' 引数  ：なし
' 戻り値：なし
'*************************************************************
Sub Wgetサンプル()

    On Error Resume Next
    
    '実行するコマンドを定義します
```

```vb
    '※Wgetを実行することで、指定されたURLからファイルを一式ダウンロードします
    Dim c As String
    c = """" & WGetPath & """" & " -r -l 0 " & """" & TARGET_URL & """"
    
    'コマンドを実行し、プロセスIDを取得します
    Dim p As Long
    p = CLng(Shell(c, vbHide))
    If (Err.Number <> 0) Then
        MsgBox CStr(Err.Number) & ": " & Err.Description, vbCritical + vbOKOnly
        Exit Sub
    End If
    
    'プロセスが終了するまで処理を待機します
    WaitForExitProcess p
    
    '完了メッセージを表示します。
    MsgBox "完了しました。", vbInformation + vbOKOnly

End Sub

'**************************************************************
' 関数   :WaitForExitProcess
' 概要   :指定されたプロセスIDのプロセスが終了するまで待機します。
' 引数   :[lProcessId]    ...終了を待機するプロセスID
'         [lMilliseconds]...待機時間のタイムリミット
' 戻り値:なし
'**************************************************************
Private Sub WaitForExitProcess( _
    ByVal lProcessId As Long, _
    Optional ByVal lMilliseconds As Long = INFINITE _
```

```
    )
    Dim hProcessHandle As Long
    hProcessHandle = OpenProcess(SYNCHRONIZE, 0&, lProcessId)

    If hProcessHandle <> 0 Then
        Call WaitForSingleObject(hProcessHandle, 
lMilliseconds)
        Call CloseHandle(hProcessHandle)
    End If
End Sub
```

　前述のとおり、Wgetはコマンドラインで利用します。コマンドライン上でさまざまなパラメータを指定することにより、挙動に細かく指示を与えることが可能です。
　サンプルプログラムでは、Wgetの実行ファイル本体を、サンプルプログラムのExcelマクロファイルと同一フォルダに存在するWgetフォルダを作成し、そのWgetフォルダ内に格納されているWget.exeを参照するようにしています。
　Wgetに対して実行するパラメータを指定する箇所が、次の部分です。

◆ソースコード

```
    '実行するコマンドを定義します
    '※Wgetを実行することで、指定されたURLからファイルを一式ダウンロードします
    Dim c As String
    c = """" & WGetPath & """" & " -r -l 0 " & """" & TARGET_URL & """"
```

　ここでは、Wgetに対し、以下のパラメータを指定しています。

-r
　--recursiveと記述してもよい。ファイルを再起的に取得する。要は、指定したWebページにとどまらず、リンクをたどる。（クローリングする）

-l
--levelと記述してもよい。リンクをたどる階層数を指定する。デフォルトは5階層で、0を指定すると全階層が対象となる。階層が深いほど、時間がかかる可能性がある。

コマンドの定義が完了したら、そのコマンドでShell関数を実行します。

◆ソースコード

```
'コマンドを実行し、プロセスIDを取得します
Dim p As Long
p = CLng(Shell(c, vbHide))
```

Shell関数の戻り値から実行されたWgetのプロセスIDを取得し、それを本文中でも紹介したWin32 APIのWaitForSingleObject関数によってプロセスが終了するまで待機します。

◆ソースコード

```
'プロセスが終了するまで処理を待機します
WaitForExitProcess p
```

Wgetのプロセスが終了した時点で、ExcelVBAから"完了しました。"のメッセージを表示します。

さて、実行してみればわかりますが、「クローリング部分に関しては、すべてWgetに任せてもよいのではないか？」と思えるほど、非常に強力なのがおわかりいただけるかと思います。実際、Wgetには他にもさまざまなパラメータが指定可能で、まさに最強のクローリングツールと言えるでしょう。

しかし、とはいえダウンロードしたファイルをExcelVBAで解析するといった点において、やはり本書の存在も非常に重要だと思います。Wgetはスクレイピングツールではありませんので。

また、ExcelVBAからWgetを呼び出すことについても、ぜひともこのサンプルプログラムを参考にしていただき、役立てていただければと思います。

Appendix **413**

参考文献

書名：Excel VBAでIEを思いのままに操作できるプログラミング術 Excel 2013/2010/2007/2003対応
著者：近田 伸矢 (著), 植木 悠二 (著), 上田 寛 (著)
単行本（ソフトカバー）：240ページ
出版社：インプレス
ISBN-10：4844333844
ISBN-13：978-4844333845
発売日：2013/4/19

書名：JS+Node.jsによるWebクローラー/ネットエージェント開発テクニック
著者：クジラ飛行机
単行本：432ページ
出版社：ソシム
ISBN-10：4883379930
ISBN-13：978-4883379934
発売日：2015/8/31

書名：Windows自動処理のためのWSHプログラミングガイド 増補改訂版
著者：五十嵐 貴之
単行本：319ページ
出版社：ソシム; 増補改訂版
ISBN-10：4802611021
ISBN-13：978-4802611022
発売日：2017/5/2

書名：完全独習 ベイズ統計学入門
著者：小島 寛之
単行本（ソフトカバー）：288ページ
出版社：ダイヤモンド社

ISBN-10：4478013322
ISBN-13：978-4478013328
発売日：2015/11/20

書名：おうちで学べる人工知能のきほん
著者：東中 竜一郎
単行本（ソフトカバー）：336ページ
出版社：翔泳社
ISBN-10：479815153X
ISBN-13：978-4798151533
発売日：2017/11/13

書名: フリーソフトウェアと自由な社会 ―Richard M. Stallmanエッセイ集
著者: リチャード・M・ストールマン (著), Richard M. Stallman (著), 長尾 高弘 (翻訳)
単行本: 375ページ
出版社: アスキー
言語: 日本語
ISBN-10: 4756142818
ISBN-13: 978-4756142818
発売日：2003/5/6

著者紹介

五十嵐 貴之（いからし たかゆき）
1975年2月生まれ。新潟県長岡市(旧越路町)出身。東京情報大学経営情報学部情報学科卒業。
Vectorから20万回以上ダウンロードされている「かんたん画像サイズ変更」などのフリーソフトの開発者。
2019年5月より、東京情報大学校友会信越ブロック支部長に就任予定。

- ●本書の一部または全部について、個人で使用するほかは、著作権上、著者およびソシム株式会社の承諾を得ずに無断で複写／複製することは禁じられております。
- ●本書の内容の運用によっていかなる障害が生じても、ソシム株式会社、著者のいずれも責任を負いかねますので、あらかじめご了承ください。
- ●本書の内容に関して、ご質問やご意見などがございましたら、下記までFAXにてご連絡ください。

カバーデザイン	小島トシノブ（NONdesign）
DTP	株式会社 アクティブ
編集協力	片野美都 / 佐藤玲子

あなたのワークシートがインターネットにつながる
Excel VBAでクローリング&スクレイピング

2018年11月15日　初版第1刷発行

著者	五十嵐 貴之
発行人	片柳 秀夫
編集人	三浦 聡
発行所	ソシム株式会社
	http://www.socym.co.jp/
	〒101-0064 東京都千代田区神田猿楽町1-5-15
	猿楽町SSビル3F
	TEL　03-5217-2400（代表）
	FAX　03-5217-2420
印刷・製本	株式会社 暁印刷

定価はカバーに表示してあります。
落丁・乱丁は弊社販売部までお送りください。送料弊社負担にてお取り替えいたします。
ISBN978-4-8026-1159-6
Printed in Japan
©2018 Takayuki Ikarashi